KB263560

베버가 들려주는 자극과 반응 이야기

베버가 들려주는 자극과 반응 이야기

ⓒ 황신영, 2011

초판   1쇄 발행일 | 2011년 10월 31일
초판 12쇄 발행일 | 2024년 6월 1일

지은이 | 황신영
펴낸이 | 정은영
펴낸곳 | (주)자음과모음

출판등록 | 2001년 11월 28일 제2001-000259호
주   소 | 10881 경기도 파주시 회동길 325-20
전   화 | 편집부 (02)324-2347, 경영지원부 (02)325-6047
팩   스 | 편집부 (02)324-2348, 경영지원부 (02)2648-1311
e-mail | jamoteen@jamobook.com

ISBN 978-89-544-2228-4 (44400)

• 잘못된 책은 교환해드립니다.

베버가 들려주는
자극과 반응
이야기

| 황신영 지음 |

우 리 감 각 기 관

|주|자음과모음

베버를 꿈꾸는 청소년을 위한
'자극과 반응' 이야기

운동장에서 친구들과 신나게 운동을 하다가 갑자기 시원한 곳에 들어갔을 때 몸이 순간적으로 부르르 떨렸던 경험이 있나요? 이는 급격한 온도 변화에 적응하기 위한 자연스러운 반응이랍니다. 이처럼 우리의 몸은 수많은 자극과 반응의 과정을 겪습니다. 다만 우리가 의식하지 못할 뿐이지요. 신경계와 내분비계는 이 순간에도 우리 몸 상태를 일정하게 유지하기 위해서 인체를 구성하는 여러 기관이 신호를 주고받아 각 기관의 기능을 조절하고 적절하게 반응하고 있어요.

또 다른 이야기를 해 볼까요? 여러분은 가끔 주변 어른들이 혈액 순환이 잘 안 된다고 말씀하시는 것을 들은 적이 있지요? 사람의 혈관을 길게 늘어놓으면 100,000km로 지구

둘레의 두 바퀴 반에 이릅니다. 혈관 속을 흐르는 혈액은 몸
에서 아주 중요한 역할을 수행하지요. 놀라운 사실은 혈액이
온몸을 순환한다는 사실이 알려진 것은 불과 400년밖에 되지
않았다는 거예요. 물론 지금은 400년 전과 비교할 수 없을 만
큼 생물학이 고도로 발전하였지만 아직도 풀리지 않은 수수
께끼가 무궁무진하게 많아요. 그래서 생물학자들은 지금도
연구를 활발히 진행 중이랍니다.

　가만히 눈을 감고 경험한 자극과 그에 대한 내 몸의 반응을
떠올려 보세요. 이 책을 읽고 나면 여러분은 자극과 반응의
세계에 대해 눈을 뜨게 될 것입니다. 베버의 도움으로 말이
지요. 이 책을 통해 우리 몸의 감각 기관이 하는 일, 외부 자
극에 대해 우리 몸이 반응하는 과정, 외부 환경의 급격한 변
화에 우리 몸이 적응하는 과정, 동물들의 신기한 감각 기관
등을 알 수 있답니다.

　독자 여러분의 생물학에 대한 탐구에 작은 보탬이 되기를
바라며 조심스레 이 책을 여러분 앞에 내어놓습니다. 마지막
으로 이 책을 출판할 수 있도록 배려해 주고, 많은 도움을 준
자음과모음 식구들에게 감사드립니다.

황 신 영

차례

1

베버의 법칙이란 무엇일까요?

우리 몸은 외부의 환경을 어떻게 느끼는지 알아보고, 베버의 법칙에 대해 공부해 봅시다.

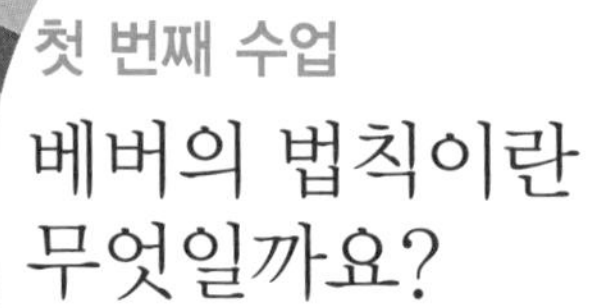

베버의 법칙이란 무엇일까요?

베버는 칠판에 '자극과 반응'이라고 크게 쓴 다음 첫 번째 수업을 시작했다.

여러분, 안녕하세요. 나는 여러분과 자극과 반응 수업을 함께할 베버(Ernst Weber, 1795~1878)라고 합니다. 아마 학생들 중에는 나를 잘 모르는 친구들도 있을 거예요. 나는 19세기 독일의 생리학자로 우리 몸의 감각과 신경에 대해 주로 연구했답니다. 나와 함께 수업을 하고 난 다음에는 여러분 모두 생리학 박사가 될 겁니다.

그럼 오늘은 첫 번째 시간으로 먼저 자극과 반응에 대해 알아보기로 해요.

베버는 학생들에게 울고 있는 아기의 사진을 보여 주었다.

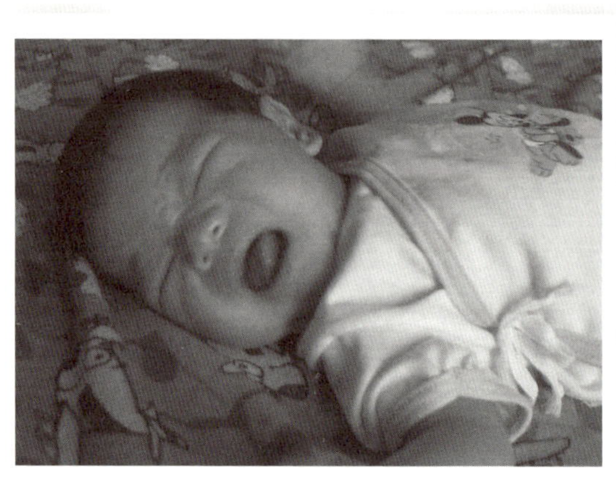

이 사진 속의 아기는 왜 이렇게 크게 울고 있을까요?

__ 배가 고파서 울고 있는 것 아닐까요?

__ 기저귀가 축축해 기분이 나빠져서 울고 있는 것 같아요.

__ 아마도 심술궂은 누나한테 꼬집혀서 아프니까 울고 있는 것 같아요.

다양한 의견이 나오는군요. 여러분의 생각 가운데 맞는 답이 있을 겁니다. 내가 갑자기 울고 있는 아기의 사진을 보여 준 이유는 생물이 살아가는 데 꼭 필요한 것이 자극에 대한 반응이기 때문이랍니다. 엄마의 젖 냄새, 살에 닿는 축축한 느낌, 꼬집혀서 아픈 것처럼 생물에 작용해서 특정한 반응(여기서는 아기의 울음)을 유도하는 여러 요인을 자극이라고 하지요.

다시 말하면 자극이란 생물이 살아가는 데 필요한 환경에 대한 정보이며, 정보를 받아들인 생물은 이에 대해 적절히 반응하면서 살아가는 것입니다. 아직 말을 할 줄 모르는 아기는 울음을 통해서 주변의 어른들에게 '나, 지금 배가 고파요, 오줌을 쌌어요, 아파요' 같은 의미를 전달하는 것이지요.

이처럼 살아 있는 모든 생물은 외부의 여러 가지 자극을 받아들이고, 이에 알맞은 반응을 보이는 것이지요. 만일 외부의 위험한 자극에 대해 적절히 그리고 빨리 반응하지 않는다면, 생물은 살아갈 수 없어요. 심지어 움직이지 못하는 식물들도 외부 자극에 적절한 반응을 하면서 살아가요. 예를 들어 구멍 뚫은 상자 안에 있는 식물은 빛이 들어오는 방향으로 굽어져 자라지요? 이것은 식물이 햇빛이라는 자극에 반응해 자라기 때문에 햇빛이 들어오는 방향으로 휘어져 자라는 것이랍니다.

　그렇다면 우리에게 영향을 주는 자극은 무엇이 있고, 우리 몸의 어느 곳에서 느낄 수 있을까요? 다음 그림에서 가족들은 무슨 일을 하고 있고, 우리 몸의 어떤 기관을 사용하고 있는지 이야기해 볼까요?

　＿ 아빠는 눈으로 신문을 봐요.

　＿ 엄마는 요리를 하시는데 혀로 찌개의 맛을 보고 있어요.

　＿ 아들은 귀로 음악을 듣고 있어요.

　＿ 딸은 부엌에서 나는 맛있는 냄새를 코로 맡고 있어요.

　네. 다들 관찰력이 뛰어나네요. 우리 몸의 특정 부위에서 외부의 자극을 알아차리는 것을 감각이라고 해요. 감각에는 시각, 청각, 후각, 미각, 피부 감각이 있어요. 5개의 감각이라고 해서 흔히 오감이라고도 하지요. 우리 몸에서 이러한 감각을 느끼는 기관을 감각 기관이라고 해요.

우리 몸의 감각 기관에는 어떤 것들이 있을까요? 앞에서 여러분이 말한 것처럼 시각을 담당하는 눈, 청각과 평형 감각을 담당하는 귀, 미각을 담당하는 혀, 후각을 담당하는 코, 피부 감각을 담당하는 피부 등이 우리 몸의 감각 기관이지요. 각 감각 기관에 대해서는 두 번째 수업부터 차근차근 살펴보도록 해요.

그런데 감각 기관은 굉장히 전문적인 역할을 한답니다. 각 감각 기관은 특정한 자극만 느낄 수 있어요. 예를 들어 소리를 눈으로 듣거나 맛을 피부로 볼 수는 없다는 이야기지요. 또 받아들일 수 있는 자극에도 한계가 있어요. 예를 들어 우리 눈은 빛을 느낄 수 있지만 모든 빛을 볼 수 있는 것은 아닙니다. 사람의 눈은 빨, 주, 노, 초, 파, 남, 보 7가지 가시광선을 볼 수 있지만 적외선이나 자외선은 볼 수 없어요.

또 사람마다 받아들일 수 있는 자극의 정도에도 차이가 있지요. 어떤 사람들은 다른 사람들에 비해 맛을 더 민감하게 구별할 수 있거나 아주 적은 양의 냄새 물질도 맡을 수 있는 등 개인차가 있답니다.

또 동물의 종류에 따라 느낄 수 있는 자극의 범위도 차이가 있어요. 앞에서 사람은 적외선이나 자외선을 볼 수 없다고 했지만, 곤충 중에는 자외선을 볼 수 있어서 우리가 보지 못하는 많은 것을 볼 수 있는 종류도 있지요.

이러한 내용 역시 각각의 감각 기관을 공부하면서 자세히 이야기하도록 해요.

과학자의 비밀노트

자극의 종류와 사람의 감각 기관

감각 기관	담당 수용기	자극	감각
눈	망막	빛(가시광선)	시각
귀	달팽이관	음파(20~20,000Hz)	청각
	전정 기관	몸의 기울기(중력 변화)	평형 감각
	반고리관	몸의 회전	
코	후각 상피	기체 상태의 화학 물질	후각
혀	맛봉오리	액체 상태의 화학 물질	미각
피부	압점, 촉점	압력, 접촉	압박, 접촉
	통점	열, 화학 물질, 강한 압력 등	통증
	온점	높은 온도 쪽으로의 변화	따뜻함
	냉점	낮은 온도 쪽으로의 변화	시원함

여러분은 안데르센 동화에 나오는 〈완두콩과 공주〉 이야기를 알고 있나요? 한 왕자가 결혼할 신붓감을 구하기 위해 진정한 공주를 찾는 이야기랍니다.

왕자의 신붓감을 구한다는 소문이 돌자 가짜 공주들이 찾아와 저마다 자기가 공주라고 우겼어요. 이때 진짜 공주를 구별하는 방법으로 한 알의 완두콩을 사용했어요. 도대체 어떤 방법이냐고요? 열두 장의 이불 밑에 완두콩 한 알을 숨겨 놓고, 이 침대에 아가씨를 재웠을 때 완두콩의 존재를 알아채는 사람이 진짜 공주라고 판단한 거예요. 수많은 아가씨가 이 침대에서 잤지만 아무도 완두콩을 눈치채지 못했어요. 그러던 어느 날 초라한 차림의 한 아가씨가 자기가 공주라며 찾아오자 왕궁의 모든 사람이 비웃었어요. 그러나 다음 날 이 아가씨가 침대 이불 밑에 뭔가 있어서 편하게 잠을 자지 못했다고 말하는 것을 보고 진짜 공주라고 판단하고 왕자와 성대한 결혼식을 올리게 되었다는 이야기입니다.

완두콩 한 알로 진짜 공주를 판단한다는 발상은 재미있지만 열두 장의 이불 밑에 숨겨진 완두콩을 알아냈다는 이야기

는 잘 믿기지 않지요. 하지만 우리는 이 이야기에서 자극과 반응에 관련된 흥미로운 사실 하나를 알 수 있답니다. 바로 감각 기관에서 자극을 느낄 수 있었다는 것이지요.

이렇게 감각 기관에서 느낄 수 있는 최소한의 자극의 세기를 역치라고 해요. 역치보다 작은 자극은 우리 몸에서 느끼지 못하므로 반응을 할 수가 없답니다. 예를 들어 공기 중에 수많은 먼지가 떠다니고 있는데, 이들 먼지의 일부가 우리 몸에 내려앉는 경우도 있을 것입니다. 그런데 이 먼지의 무게가 느껴져서 '아, 내 손등에 먼지가 하나 내려앉았어' 라고 말하는 사람이 있을까요? 만일 먼지의 무게를 느끼는 사람이 있다면 기네스북에 오를 만한 대사건일 것입니다.

하지만 손등에 볼펜을 올려놓으면, 손등에 어떤 물건이 올려져 있다는 것을 바로 느낄 수 있지요. 즉, 먼지의 무게는 피부에서 느낄 수 있는 역치 값보다 작지만, 볼펜의 무게는 피부에서 느낄 수 있는 역치 값보다 크다는 의미입니다. 역치가 작다는 뜻은 더 작은 자극에도 반응이 일어날 수 있다는 것이므로, 역치가 작을수록 예민한 감각 기관이라고 볼 수 있지요.

역치는 피부와 혀처럼 감각 기관의 종류에 따라서 다릅니다. 예를 들어 뜨거운 국그릇을 손으로 만졌을 때는 굉장히

뜨겁다고 느끼지만, 먹을 때는 손으로 느꼈던 것보다는 덜 뜨겁다고 생각될 수 있어요. 이때 피부에서 느끼는 뜨거움의 역치 값이 혀에서 느끼는 뜨거움의 역치 값보다 작다고 할 수 있지요. 즉, 혀보다 피부가 뜨거움에 더 예민한 감각 기관이라고 할 수 있어요. 또 역치 값은 자극을 받는 상태에 따라서도 다릅니다. 평소에는 아주 작은 소리에도 민감하게 반응하지만, 잠자고 있는 동안에는 옆에서 아무리 큰 소리가 나도 모르는 것처럼 말입니다.

갑자기 베버가 무엇인가를 찾기 시작하더니, "내가 안경을 어디에 뒀더라?" 하고 중얼거렸다. 이 모습을 본 학생들은 선생님이 쓰고 있다고 알려 주었다.

이런, 내가 또 안경을 쓴 것을 잊어버렸군요. 사실 아침에 일어나면 가끔 안경을 썼다는 사실을 잊고 그냥 세수를 하기도 한답니다. 여러분 가운데 나와 같은 경험을 한 학생이 있나요? 다행히 몇 명 있군요, 하하. 사실 이것은 자연스러운 현상이랍니다. 처음에 안경을 썼을 때에는 안경의 무게가 느껴지지만, 어느 정도 시간이 지나면 우리는 안경의 무게를 느끼지 못하지요.

사람이 가득 찬 엘리베이터 안에서 강한 향수 냄새를 맡았을 때에도 처음에는 향수 냄새가 느껴지지만 일정 시간이 지나면 더 이상 향수 냄새를 느끼지 못합니다.

이처럼 감각 기관에 똑같은 크기의 자극을 계속 주면 더 큰 자극이 주어지기 전까지 그 자극을 더 이상 느끼지 못하지요. 이런 현상을 감각의 순응이라고 합니다. 즉, 더 강한 향수 냄새를 풍기는 사람이 엘리베이터에 타지 않는 이상 향수 냄새를 느끼지 못한다는 말입니다.

감각의 순응은 통증이나 누르는 힘(압박) 등을 느낄 때보다 무엇인가 몸에 닿는 것(접촉)을 느낄 때 두드러지게 나타납니다. 통증, 압박을 느끼는 것은 우리의 생명을 보호하는 데 꼭 필요한 감각인데 순응이 되면 아픔을 느끼지 못합니다. 그러나 생명 유지에 꼭 필요하지 않은 접촉 자극과 같은 감각은 쉽게 순응하기 때문에 반응하는 데 필요한 에너지를 아낄 수 있습니다.

만일 우리 몸에서 순응이 일어나지 않는다면 무슨 일이 벌어질까요? 모든 감각 기관이 항상 예민하게 자극을 느끼기 때문에 우리 몸이 쉽게 피곤해질 것입니다. 우리가 입고 있는 속옷, 겉옷, 양말, 신발, 안경, 모자 등의 무게를 계속 느낀다고 생각해 보세요. 온갖 종류의 냄새, 그중에서도 화장실 냄새나 발 냄새 등 좋지 않은 냄새를 하루 종일 느낀다면 살아가는 데 얼마나 피곤하겠어요?

베버의 법칙

여러분은 밤하늘의 달을 본 적이 있을 겁니다. 환한 보름달이 어두운 밤하늘을 밝게 비추는 것을 보면서 소원을 빌기도 했을 텐데요, 낮에는 달이 잘 보이지 않습니다. 낮과 밤에 따라 달의 밝기가 바뀌는 것일까요? 아닙니다. 밤낮 상관없이 달의 밝기는 일정하지만 낮에는 태양빛 때문에 달이 보이지 않는 것이랍니다.

이와 비슷한 예를 들면, 형광등은 밤이나 낮이나 그 밝기가

똑같습니다. 그런데 밤에 켜 놓은 형광등은 온 집 안을 환하게 밝혀 주지만, 낮에는 형광등이 켜져 있더라도 잘 모르는 경우가 많지요.

이처럼 너무나 당연하게 여겨지는 생활 속 현상들도 우리 몸의 감각 기관이 자극에 대해 반응하는 원리와 관계가 있습니다. 우리 몸은 처음의 자극이 강하면 그보다 더 큰 자극을 받아야만 자극의 변화를 알 수 있답니다.

예를 들어 과일을 먹은 후 꿀물을 먹으면 단맛을 느낄 수 있지만, 꿀물을 먹은 후 과일을 먹으면 과일의 단맛을 제대로 느낄 수가 없습니다.

나는 이 현상에 관심을 가지고 좀 더 연구를 했어요. 과연 얼마만큼의 더 큰 자극이 주어져야 우리 몸이 자극의 변화를

알 수 있을까 하고요. 다양한 감각 기관을 대상으로 연구한 결과 처음 자극의 세기와 나중 자극의 세기의 차이가 일정 비율 이상이 되어야만 그 차이를 느낄 수 있다는 것을 밝혀내고 이를 베버의 법칙이라고 이름 붙였지요.

베버의 법칙은 다음과 같은 공식으로 설명할 수 있습니다.

$$\frac{\text{나중 자극의 세기} - \text{처음 자극의 세기}}{\text{처음 자극의 세기}} = k(\text{일정})$$

$$(k = \text{베버 상수})$$

각 감각 기관마다 베버 상수 값은 일정합니다. 예를 들어 시각의 k값은 100분의 1이고, 미각은 6분의 1, 청각은 7분의 1이랍니다. 이 말은 베버 상수 값이 작을수록 예민한 감각 기관이라는 뜻입니다. 또한 베버 상수 값이 일정하기 때문에 처음 자극의 세기만 알면 자극의 변화를 알 수 있는 나중 자극의 세기를 구할 수 있답니다.

그럼 베버의 법칙을 이용해 변화를 느낄 수 있는 자극의 크기를 실제로 구해 볼까요?

전구의 밝기는 W(와트)로 표시하지요. 종류에 따라서 30W,

60W, 100W 등 다양한데, 숫자가 클수록 밝기가 더 밝다는 것을 의미합니다.

60W의 전등이 켜진 방에 있는 사람이 더 밝아졌다고 느끼기 위한 최소한의 빛의 세기는 얼마일까요? 앞에서 시각의 베버 상수는 100분의 1이라고 했지요? 처음 자극의 세기는 60W이므로 나중 자극의 세기를 구할 수 있습니다.

위의 식을 이용하면,

$$\frac{1}{100} = \frac{\text{나중 자극의 세기} - 60}{60}$$

이므로 60.6W가 됩니다. 즉, 적어도 60.6W 이상의 밝기의 빛을 비추어야 방 안이 밝아졌다고 느낄 수 있는 것입니다. 이해가 되나요?

자, 그럼 오늘 배운 내용을 정리해 봅시다.

- 자극은 생물이 살아가는 데 필요한 환경에 대한 정보이고, 생물은 이에 적절한 반응을 한다.
- 우리 몸의 감각 기관은 눈, 귀, 코, 혀, 피부로 각각 빛, 소리, 냄

새, 맛, 피부 감각을 감지한다.

- 역치는 감각 기관에 반응을 일으킬 수 있는 최소한의 자극의 세기이며, 일정 수준의 자극이 지속되면 더 이상 그 자극을 느끼지 못하는 것을 순응이라고 한다.

- 베버의 법칙은 처음 자극의 세기와 나중 자극의 세기의 차이가 일정 비율 이상이 되어야만 그 차이를 느낄 수 있다는 것이다.

윽, 맛없어. 사과가 하나도 달지가 않네.
사과가 맛없는 것이 아니라 방금 먹은 사탕보다 더 단 자극이 아니면 달게 느낄 수가 없어서 그래요.
맛 캔디

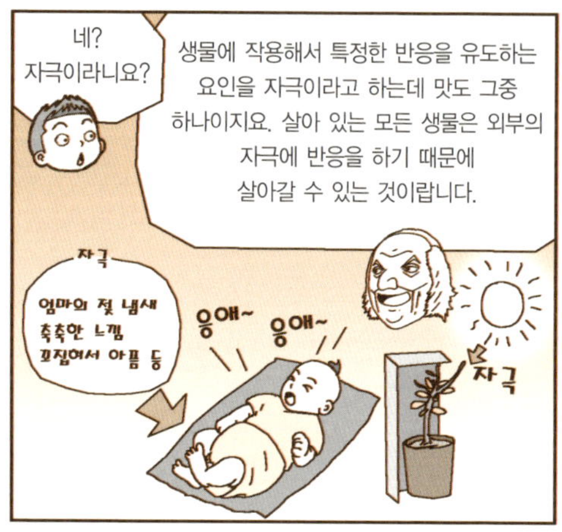
네? 자극이라니요?
생물에 작용해서 특정한 반응을 유도하는 요인을 자극이라고 하는데 맛도 그중 하나이지요. 살아 있는 모든 생물은 외부의 자극에 반응을 하기 때문에 살아갈 수 있는 것이랍니다.
자극
엄마의 젖 냄새 축축한 느낌 꼬집어서 아픔 등
응애~ 응애~
자극

자극은 어떻게 느끼나요?
우리가 느낄 수 있는 감각은 시각, 청각, 후각, 미각, 피부 감각으로 흔히 오감이라고 하는데 각 감각에 해당되는 감각 기관에 의해 자극을 느끼는 것이지요.
후각
미각
피부 감각
시각
청각

그렇지만 감각 기간이 모든 자극을 다 느끼진 않아요. 각 감각 기관마다 느낄 수 있는 최소한의 세기 이상의 자극을 주어야 느낄 수 있는데 이 최소한의 자극의 세기를 역치라고 해요.
아, 역치보다 작은 자극은 느낄 수 없군요.
- 역치가 없다면 -
아이그, 힘들어. 공기가 너무 무거워.
위잉~ 위잉
으악, 파리 소리가 너무 커~.

그런데 냄새가 나는 곳에 오래 있으면 나중엔 그 냄새를 맡지 못하잖아요. 그건 왜 그렇지요?
그건 감각 기관이 같은 자극을 계속 받게 되면 더 큰 자극이 가해지기 전까진 그 자극을 더 이상 느끼지 못하기 때문에 그래요. 그런 현상을 감각의 순응이라고 하지요.
엄마, 비린내가 너무 심해요~.
응? 무슨 냄새가 난다고 그래? 난 하나도 안 나는데.

나는 이 현상을 연구해서 처음 자극에 비해 얼마만큼의 더 큰 자극이 주어져야 그 차이를 느낄 수 있는지를 비율로 나타내는 공식을 만들어 냈지요.
그게 바로 베버의 법칙 이군요.
나중 자극의 세기 - 처음 자극의 세기
처음 자극의 세기
= k(일정) , (k=베버 상수)

우리는 어떻게 **물체**를 볼 수 있을까요?

우리 눈의 구조를 알아보고, 어떤 과정을 거쳐 물체를 볼 수 있는지 알아봅시다.

우리는 어떻게 물체를 볼 수 있을까요?

교.
과.
연.
계.

초등 과학 5-2	1. 우리의 몸
중등 과학 1	4. 생물의 구성과 다양성
중등 과학 3	1. 자극과 반응

베버는 조그만 스타이로폼 공을
학생들에게 보여 주며
두 번째 수업을 시작했다.

이 공의 무게는 7g, 부피는 7.2cm^3, 지름은 2.4cm랍니다. 이와 똑같은 것이 우리 몸에 있는데 무엇일까요? 네, 바로 눈입니다. 이렇게 작은 기관이 우리가 얻는 모든 지식의 5분의 4를 받아들이는 역할을 한답니다. 다른 동물들에 비해서 사람은 살아가는 데 필요한 정보의 대부분을 눈에서 얻거든요.

눈에 대한 재미있는 사실들을 한번 알아볼까요? 친구들끼리 눈싸움을 해서 누가 이기나 내기하는 경우가 있을 겁니다. 억지로 눈을 깜박이지 않으려고 참아 보지만, 언젠가는 눈을 깜박이게 되지요. 보통 눈은 0.3~0.4초 만에 한 번씩 깜

박이니까요. 하루 동안 눈을 깜박이는 시간은 30분, 평생 동안에는 5년이나 된답니다.

눈꺼풀을 깜박이는 것은 눈을 보호하기 위한 반사적 작용으로, 눈의 각 부분에 눈물을 골고루 닿도록 해 주지요. 사람이 매일 흘리는 눈물은 0.6g인데, 눈물은 각막을 부드럽게 하고 살균 작용을 합니다. 또 먼지가 달라붙지 못하도록 해 주지요. 슬프게도 사람이 나이가 들수록 눈물의 양은 줄어든답니다.

또 눈을 보호하는 것에는 무엇이 있을까요? 바로 눈썹과 속눈썹이에요. 눈썹은 땀이 눈 안으로 흘러드는 것을 막아 주고, 약 200개의 속눈썹은 눈에 먼지가 들어가지 못하도록 해 주지요. 속눈썹은 3~5개월 정도 자라다가 빠지고 다시 새 것이 자라기 때문에 늘 풍성한 속눈썹을 가질 수 있답니다.

눈의 생김새와 하는 일

우리 눈은 빛을 내거나 반사하는 물체만 볼 수 있어요. 눈은 모양, 색깔, 움직임 등의 정보를 받아들여 뇌에 전달하고 뇌는 이 정보를 모두 종합하여 우리 눈에 보이는 상을 만들어

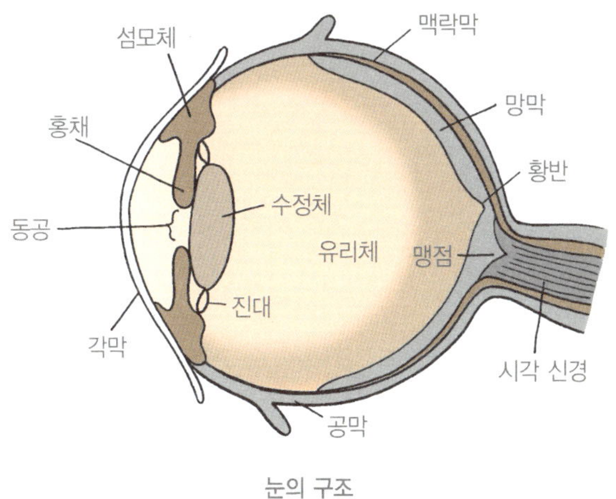

눈의 구조

　쥐요. 사람마다 눈의 크기, 모양, 색깔은 다르지만 그 기본 구조는 모두 같습니다. 위의 그림을 보면서 눈의 생김새를 알아볼까요?

　공막은 우리 눈의 흰자위에 해당하는 부분입니다. 눈의 가장 바깥쪽 막을 둘러싸는 흰색의 질긴 막이며 눈의 내부를 보호하는 역할을 합니다. 각막은 눈의 앞부분을 감싸고 있는 투명한 막으로 공막의 일부가 변하여 생긴 것이지요. 각막의 두께는 0.5～0.7mm 정도입니다. 각막은 손상되면 제대로 볼 수 없기 때문에 무척 주의해야 합니다. 특히 렌즈를 끼는 학생들은 각막이 다치지 않도록 주의하세요.

　동공은 홍채 안쪽 중앙의 비어 있는 공간으로, 동공의 크기

에 의해 눈으로 들어오는 빛의 양이 결정됩니다. 동공의 크기는 지름 2~6mm 정도로 빛의 양에 따라 크기가 달라진답니다. 이것에 대한 자세한 이야기는 조금 뒤에 하기로 해요.

홍채는 수정체의 앞부분으로 우리 눈의 검은자위에 해당하지요. 이 부분에 멜라닌 색소가 들어 있는데 그 색소의 양에 따라 사람마다 눈 색깔이 달라지는 거예요. 한국 사람들은 대부분 검은색이나 갈색 눈동자를 가지고 있지만, 서양인은 멜라닌 색소가 거의 없어 파란색, 초록색 등 눈 색깔이 다양하답니다. 홍채는 빛의 양을 조절해 줍니다.

수정체는 볼록 렌즈 모양이며, 카메라의 렌즈처럼 빛을 굴절시켜 상이 맺히도록 하는 역할을 합니다. 수정체는 사물을 볼 때의 거리에 따라 두꺼워졌다 얇아졌다 하면서 망막에 정확한 상이 맺히게 해 줍니다. 수정체의 두께 변화는 섬모체가 도와주고 있지요.

수정체와 망막 사이에 있는 유리체는 액체로 가득 차 있답니다. 이 유리체 덕분에 눈이 동그란 형태를 유지할 수 있는 거랍니다.

맥락막은 멜라닌 색소가 들어 있으며 빛의 산란을 막아 주는 암실 역할을 합니다. 눈의 가장 안쪽에 있는 망막에는 빛을 느끼는 시각 세포가 있어 빛 자극을 받아들이는 거랍니

눈의 구조와 기능

눈	하는 일
공막	눈의 가장 바깥쪽 막으로 눈의 형태 유지 및 보호
각막	공막의 일부가 변한 것으로 눈의 가장 앞쪽을 싸고 있는 얇고 투명한 막
맥락막	멜라닌 색소를 함유하여 빛의 산란을 방지
망막	시각 세포가 있어서 상이 맺히는 곳
수정체	빛을 굴절시켜 망막에 상이 맺히도록 함
홍채	동공의 크기를 조절하여 눈으로 들어오는 빛의 양 조절
섬모체	물체의 상이 망막에 정확히 맺히도록 수정체의 두께 조절
유리체	눈 안쪽을 채우고 있는 투명한 액체 물질로 눈의 형태를 유지

다. 망막에는 시각 세포가 많이 있어 선명한 상이 맺히는 부분인 황반과, 시각 신경이 모여 나가는 곳으로 시각 세포가 없어 상이 맺히지 않는 맹점이 있습니다.

눈이 물체를 보는 방법

눈이 어떻게 물체를 볼 수 있는지를 연구한 사람은 스웨덴

의 의학자인 굴스트란드(Allvar Gullstrand, 1862~1930)랍니다.

굴스트란드는 웁살라 대학교와 비엔나 대학교에서 의학을 전공한 뒤, 웁살라 대학교 최초의 안과 교수가 되었습니다. 당시 눈에 대해서는 연구가 거의 이루어지지 않아 밝혀지지 않은 것들이 많았는데, 굴스트란드가 눈과 광학(빛을 연구하는 학문)을 연구하여 우리 눈이 물체를 보는 방법이 카메라 원리와 유사하다는 것을 알게 되었답니다. 그는 이 연구 결과로 1911년 노벨 생리 의학상을 받았지요.

굴스트란드가 연구하여 알아낸 결과는 다음과 같아요. 사람은 물체에서 반사되어 나오는 빛이 눈으로 들어올 때 물체를 볼 수 있어요. 이때 눈으로 들어오는 빛의 양은 홍채에 의해 조절된다는 것이지요.

그럼 동공의 크기 변화를 관찰해 볼까요? 맨 뒤에 있는 학생은 교실의 불을 꺼 주세요.

베버는 교실 안 모든 커튼을 내렸고, 불을 끄자 교실은 순식간에 깜깜해졌다.

어때요? 교실 안이 잘 보이나요?

__ 깜깜해서 잘 안 보여요.

__ 처음에는 하나도 안 보였는데, 조금 지나니까 약간 희미하게 보여요.

그렇군요. 그럼 이제 불을 켜고 커튼을 걷어 다시 햇빛이 들어오도록 하겠습니다. 여러분은 불을 켰을 때 옆에 앉은 친구의 동공 크기를 잘 관찰해 보세요.

__ 불을 켜니깐 커져 있던 동공이 굉장히 작아졌어요.

갑자기 눈이 부셔서 관찰하기 힘들었을 텐데 잘 관찰했군요. 밝은 곳에서는 동공의 크기가 작아지고, 어두운 곳에서는 동공의 크기가 커져 받아들이는 빛의 양을 조절하게 되지요.

극장에서 영화를 보고 나서 환한 곳으로 나오면 눈이 부셔

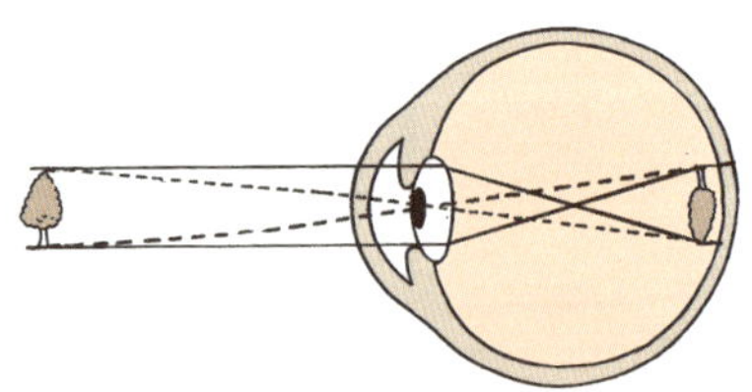

먼 거리 : 수정체가 얇아진다.

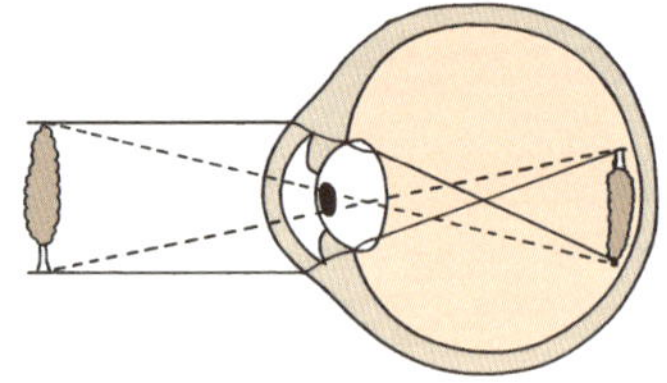

가까운 거리 : 수정체가 두꺼워진다.

수정체의 원근 조절

제대로 눈을 뜰 수 없었던 경험이 있을 겁니다.

또 극장에 늦게 도착해서 영화가 시작된 후 자리를 찾아 들어가려는데, 처음에는 너무 깜깜해서 잘 보이지 않다가 어느 정도 시간이 지나서야 희미하게 극장 안이 보였던 경험이 있을 거예요.

이런 일 모두 홍채가 들어오는 빛의 양을 조절해 동공의 크기를 조절하기 때문에 생기는 것입니다. 어두운 곳에 있을 때는 최대한 빛을 많이 받기 위해 동공의 크기가 커집니다. 그래서 처음에는 하나도 안 보이다가 시간이 지나면 어느 정도 사물을 구별할 수 있을 정도로 희미하게 보이는 것이지요. 그런데 갑자기 밝은 곳으로 나가면 동공 안으로 들어오는 빛의 양이 많아지기 때문에 눈이 부시고 동공의 크기는 작아집니다.

빛은 눈의 동공을 통과한 다음 볼록 렌즈처럼 생긴 수정체에서 굴절되어 눈 안쪽의 망막에 상을 맺게 해 줍니다. 이때 수정체가 물체의 멀고 가까운 정도에 따라 두꺼워졌다 얇아졌다 하면서 망막에 상을 맺게 해 주는 거예요. 먼 곳의 물체를 볼 때에는 수정체가 얇아지고, 가까이 있는 물체를 볼 때

과학자의 비밀노트

사람의 눈과 카메라의 비교

눈에 들어온 빛은 렌즈의 역할을 행하는 수정체를 통하여 눈의 깊숙한 곳에 있는 망막이라는 필름에 모여든다. 그 자극이 망막에 있는 시각 세포의 작용에 의해 전기 신호로 바뀌어 뇌에 전달되는 것이다. 조리개 역할을 하는 홍채에 의해 빛의 양 조절이 가능하다.

사람의 눈	카메라	기능
수정체	렌즈	빛의 굴절
홍채	조리개	빛의 양 조절
망막	필름	상이 맺힘
맥락막	어둠상자	빛의 산란 방지
눈꺼풀	셔터	눈 보호, 눈으로 들어오는 빛을 막음

에는 수정체가 두꺼워진답니다.

앞에서 이야기했듯이 망막에는 빛을 감지하는 시각 세포가 있어요. 시각 세포가 빛을 받으면 흥분하고 이 흥분이 시각 신경을 통해 대뇌에 전달되면서 우리가 물체를 볼 수 있게 되는 거랍니다.

즉, 우리가 물체를 보는 과정은 '빛 → 각막 → 동공 → 수정체 → 유리체 → 망막(시각 세포) → 시각 신경 → 대뇌' 이렇게 정리할 수 있습니다.

우리 눈의 구조는 1930년대에 이미 자세하게 알려져 있었어요. 하지만 시각 세포가 빛을 어떻게 인식하는지 또 우리가 여러 가지 색깔을 어떻게 구별하는지에 대해서는 거의 알려져 있지 않았답니다. 이러한 내용을 밝혀낸 사람들이 1967년에 노벨 생리 의학상을 받은 그라니트(Ragnar Granit, 1900~1991), 하틀라인(Haldan Hartline, 1903~1983), 월드(George Wald, 1906~1997) 세 사람의 과학자입니다. 이들은 시각 세포의 생김새와 하는 일, 비타민 A가 시력 유지에 꼭 필요한 물질이라는 것을 알아냈답니다.

시각 세포에는 간상세포와 원추세포가 있어요. 간상세포는 어두운 곳에서 명암을 구별해 주는 긴 막대 모양의 세포이고, 원추세포는 밝은 곳에서 색을 구별해 주는 원뿔 모양의 세포입니다. 망막에 있는 세 종류의 원추세포는 각각 빨간색, 파란색, 초록색의 빛에 반응합니다. 간상세포와 원추세포에는 시각 신경이 연결되어 있어 이들 세포의 흥분이 시각 신경을 통해 대뇌로 전달되어 사물을 볼 수 있는 것이지요.

일반적으로 사람들에게 주의나 경고를 할 때는 노란색을 사용하고 위험을 알릴 때는 빨간색을 사용합니다. 그런데 탈출구를 알리는 비상구는 왜 눈에 잘 띄지 않는 초록색으로 했을까요?

화재처럼 위급한 상황에서는 흔히 정전 사고도 함께 일어나므로 색을 구분하는 원추세포는 이러한 상황에서는 쓸모가 없답니다. 이럴 때는 오히려 색을 잘 구분하지 못하는 간상세포가 중요한 역할을 합니다. 그런데 간상세포는 빨간색보다 초록색을 잘 볼 수 있기 때문에 비상구 표지판을 초록색으로 하는 것이랍니다.

원추세포는 망막 중에서도 빛이 들어와 초점이 맺히는 황반에 가장 많이 분포하고, 간상세포는 황반 주변에 많이 분포되어 있어요. 대부분의 사람은 17,000여 가지 정도의 색깔을 구분할 수 있으나 예외도 있답니다. 이것은 원추세포에 이상이 생긴 색맹인 경우입니다.

색맹에는 전혀 색을 구분하지 못해 사물이 모두 흑백으로

만 보이는 완전 색맹과 일부 색만 구별하지 못하는 부분 색맹이 있답니다. 적색과 녹색을 구별하지 못하는 적록 색맹이 부분 색맹의 대표적인 예입니다. 원자설을 주장한 과학자 돌턴(John Dalton, 1766~1844)도 적록 색맹이었다고 해요. 그래서 그는 일요일에 교회를 갈 때마다 색깔이 다른 양말을 신고 가서 사람들의 눈길을 끌었다고 합니다. 사람은 약 700만 개의 원추세포 덕분에 색깔을 구분할 수 있지만, 사람을 비롯한 일부 영장류를 제외한 다른 포유류는 사실상 색깔을 거의 구분하지 못합니다. 그리고 대부분의 야행성 동물들은 원추세포가 적거나 거의 없는 대신 간상세포가 많아 깜깜한 곳에서도 사물을 볼 수 있는 거랍니다.

그렇다면 갓 태어난 아기의 시력은 어른과 비교하면 어떨까요? 갓 태어난 아기의 시력은 빛을 인식하고 명암을 구별할 수 있는 정도인데, 망막의 시각 세포가 충분히 발달하지 못한 상태라 비슷한 색도 잘 구별하지 못합니다. 태어난 지 3~4개월이 되어야 작은 물체를 보며, 색과 거리감을 느낄 수 있고, 사람의 얼굴과 물체의 윤곽을 구별할 수 있답니다. 점차 자라면서 시각이 좋아지는데 대여섯 살이 되어야 어른과 같이 완전한 시력을 갖게 됩니다.

잘 보이지 않는 사람들은 시력을 교정하기 위해 안경을 쓰지요? 안경을 자세히 관찰해 보면 시력이 나쁜 원인을 알 수 있답니다. 내가 쓴 안경과 앞줄에 앉은 학생이 쓴 안경을 벗어서 책 위에 놓아 볼까요? 나의 안경으로 보면 책의 글씨가 커 보이고, 학생의 안경으로 보면 글씨가 작게 보이는군요.

여러분 같은 청소년과 젊은 사람들의 시력 이상은 대부분 근시입니다. 근시란 선천적으로 수정체와 망막 사이의 길이가 길거나 수정체가 두꺼워서 상이 망막보다 앞에 맺히기 때문에 가까운 곳에 있는 물체는 비교적 잘 보이지만 먼 곳에 있는 물체는 뚜렷하게 보이지 않는 시력 이상을 말합니다. 키가 부쩍 자라는 청소년기에는 눈의 성장도 크게 일어나기 때문에 눈이 커지면서 수정체와 망막 사이의 길이가 길어져요. 그 과정에서 근시가 생기는 거예요. 근시는 오목 렌즈를 이용하여 상이 더 먼 곳에 맺히도록 교정해야 합니다.

근시의 반대는 원시입니다. 원시는 수정체와 망막 사이의 길이가 짧거나 수정체가 얇아서 상이 망막보다 뒤에 맺히기 때문에 먼 곳에 있는 물체는 잘 볼 수 있지만 가까운 곳에 있

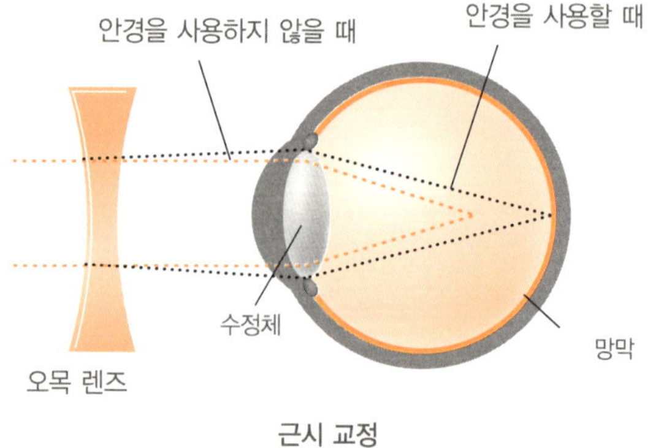

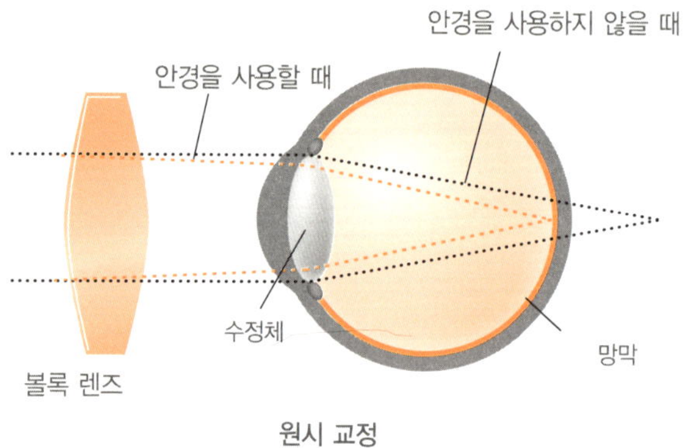

는 물체는 잘 볼 수 없어요. 이때 볼록 렌즈를 이용하면 상이 맺히는 위치를 앞으로 당길 수 있지요.

나이가 들면 수정체의 노화로 노안성 원시가 생기기도 합니다. 수정체의 탄력이 약해져 가까운 곳의 물체를 볼 때 수정체가 두꺼워지지 않아 망막의 뒤에 상이 맺혀 잘 안 보이는 현상이지요. 내 눈도 원시랍니다. 할아버지, 할머니들이 쓰는 돋보기가 바로 노안성 원시를 교정하기 위한 볼록 렌즈이지요.

또 하나의 시력 이상은 난시입니다. 앞의 두 경우는 상이 맺히는 위치가 적절하지 않아서 생기는 눈의 이상이지만, 난시는 각막이나 수정체의 표면이 매끈하지 않아서 생기는 현상입니다. 각막이나 수정체의 표면이 매끈하지 않으면 빛이 이상 굴절하여 상이 겹쳐져 흐릿하게 보이게 됩니다. 난시는 각각의 난시안에 맞도록 특수 제작한 렌즈를 이용하여 교정할 수 있답니다. 난시에 맞는 렌즈를 판단하는 수학 공식을 만든 사람이 앞에서 말한 과학자, 굴스트란드랍니다.

그런데 수정체 자체에 문제가 생기면 어떻게 될까요? 카메라의 렌즈에 흠이 생겨도 제대로 된 사진을 찍을 수 없잖아요. 눈도 마찬가지예요. 백내장이나 녹내장 등의 질병에 걸리면 수정체가 뿌옇게 되는데 시력이 점점 떨어져서 결국 시력을 잃게 되지요. 수술로도 치료를 할 수 있지만, 최근에는 인공 수정체를 개발하여 이러한 문제를 해결할 수 있게 되었답니다.

인공 수정체는 아주 우연한 발견이 계기가 되어 만들어졌지요. 제2차 세계 대전 때 비행기 사고가 일어나 조종사 눈

에 조종석 덮개 파편이 들어가게 되었는데, 그 후 시간이 지나도 눈에서 이물질에 대한 거부 반응이 일어나지 않는 것을 의사들이 발견했어요. 원래 사람의 몸에 이물질이 들어가면 강한 거부 반응이 나타나는데, 이 파편은 우리 몸에서 이물질로 인식하지 않는 물질이었던 것이지요. 그래서 조종석 덮개 재질을 연구, 개량한 결과 아크릴 재질의 인공 수정체를 개발하고, 이상이 생긴 수정체를 대신해서 눈에 넣을 수 있게 된 것이랍니다.

다양한 동물의 시각

무려 17,000가지 색깔을 구별할 수 있는 인간은 다른 동물들을 색맹이라고 얕잡아 보곤 하지만, 그들에게 오히려 우리 인간이 한심해 보일지도 모르겠어요. 인간은 빨, 주, 노, 초, 파, 남, 보 가시광선만 볼 수 있지만, 동물들 중에는 인간이 볼 수 없는 적외선이나 자외선을 볼 수 있는 종도 있거든요. 벌, 나비 같은 곤충들은 자외선을 감지할 수 있고, 금붕어와 방울뱀은 적외선을 감지할 수 있답니다.

또 개를 비롯한 대부분의 동물들은 색맹이어서 사물을 흑

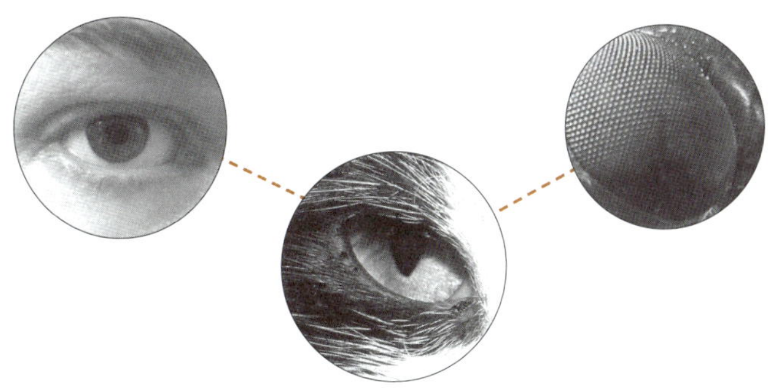

사람, 고양이, 파리의 눈

백과 회색의 음영으로만 인식하지만, 색깔을 구분할 수 있는 동물도 있어요. 개구리, 도마뱀, 새 그리고 일부 곤충 종류는 색깔을 구분할 수는 있지만 인간이 보는 것 같은 풍경을 보지는 못한답니다.

또 새의 경우 낮에 주로 활동하는 새와 밤에 주로 활동하는 새의 시력이 차이가 있어요. 대부분의 새는 원추세포만 가지고 있기 때문에 낮에 활발하게 활동하고 밤에는 장님이 되지만, 올빼미나 부엉이 같은 야행성 조류는 간상세포를 가지고 있어 오히려 낮에 장님이 됩니다. 대신 밤에는 뛰어난 시각으로 먹이를 잡아먹을 수 있지요.

한편 고양이는 인간이 느낄 수 있는 빛의 20%만 있어도 빛을 감지할 수 있기 때문에 적은 양의 빛만으로도 사물을 구별

할 수 있어요. 또 고양이는 키우는 곳에 따라서 시력이 달라지기도 합니다. 넓은 곳에서 기르는 고양이는 원시인 반면, 한정된 공간에서 기르는 고양이는 근시이지요.

그 밖에 눈 말고 다른 부위에서 빛을 감지하는 동물도 있습니다. 지렁이의 피부 속에는 빛에 민감한 세포가 들어 있어 밝은지 어두운지를 알 수 있답니다.

한편 인간과 같은 영장류에 속하는 원숭이의 눈에는 엑스선이 보입니다. 두 개의 상자를 준비해 엑스선으로 표시해 놓은 상자에만 바나나를 넣어 두는 실험을 한 결과, 원숭이는 주저하지 않고 엑스선이 표시된 상자에 다가가 바나나를 꺼낸다고 해요. 인간의 눈에는 두 개의 상자가 똑같은 것으로 보이지만, 원숭이는 엑스선을 구별할 수 있다는 증거이지요.

베버가 한참 설명을 하는 도중 어디선가 파리 한 마리가 들어와 주변을 윙윙거리며 돌아다니기 시작했다. 베버는 신경 쓰이는 듯 쳐다보다가 이야기를 다시 시작했다.

파리가 참 신경 쓰이는군요. 하지만 파리를 잡는 것이 쉽지 않으니 그냥 수업을 계속하도록 합시다. 내가 아무리 파리채를 휘둘러도 파리의 눈에는 완전 굼벵이로 보일 테니까요.

__ 선생님, 왜 그런지 궁금해요.

좀 더 자세히 이야기하면, 내가 아무리 재빠르게 파리채를 휘두르더라도 파리의 눈에는 아주 느린 속도로 파리채를 휘두르는 것처럼 보인다는 거예요. 여러분이 인터넷으로 유튜브 동영상을 볼 때 인터넷 속도가 느려지면 동영상 재생 속도가 매우 느려지지요? 사람의 동작이 딱딱 끊어져서 아주 우스운 모습이 되거나 몇 초간 정지 화면이 나오기도 합니다. 파리의 눈에 내가 그렇게 보이는 거예요. 이렇게 느린 속도로 파리채를 휘두른다면 못 피할 파리가 어디 있겠어요? 그래서 파리를 잡으려면 파리가 이동할 경로를 미리 예상해서 거기에다가 파리채를 휘둘러야 한답니다.

이렇게 파리가 우리의 움직임을 느리게 보는 이유는 파리

눈의 독특한 구조 때문입니다. 사람의 눈은 하나의 수정체가 하나의 완성된 상을 만들어 냅니다. 이에 비해 곤충은 수정체 역할을 하는 낱눈이 벌집처럼 모인 겹눈을 가지고 있는데 이 낱눈마다 하나씩의 상이 생겨요. 그리고 이 작은 상들이 합쳐져 커다란 모자이크 영상을 만드는 것이지요. 파리의 낱눈은 무려 4,000개나 됩니다. 컴퓨터로 사진을 볼 때 계속 확대하면 작은 점들로 이루어진 모자이크 영상을 볼 수 있는데, 파리의 눈에 보이는 상의 모습이 바로 모자이크 형태랍니다. 이 모자이크 영상은 선명도가 떨어져 정확한 형체를 인식하기에는 어려움이 있지만, 움직임을 더 과장되어 보이게 하는 특성이 있어서 미세한 움직임도 잘 포착해 낼 수 있는 것이지요.

우리가 좋아하는 영화는 초당 24컷의 영상을 빠르게 지나가게 해서 연속적인 동작처럼 보이도록 만든 것입니다. 그러나 파리나 꿀벌에게 영상을 보여 주면 영화가 아니라 슬라이드를 넘기는 것처럼 보인답니다.

곤충들의 상당수는 초당 200~300컷의 영상을 따로따로 인식할 수 있습니다. 그러니 곤충의 눈에는 장면 하나하나가 구별되어 보이는 셈이지요. 이런 엄청난 시간 해상도는 파리를 잡기 힘든 이유를 설명해 줍니다. 파리는 사람의 손이 자신을 향해 다가오는 모습을 아주 느긋하게 바라보다가 사람을 약 올리듯이 도망갈 수 있거든요.

새들의 경우는 곤충보다는 못하지만 초당 150컷의 영상을 볼 수 있습니다. 그에 반해 개구리는 초당 5컷밖에 보지 못합니다. 사람의 경우 1초에 50개의 정지 이미지를 볼 수 있으니 개구리의 눈에는 사람이 다가오는 모습이 축지법을 써서 순식간에 눈앞에 나타난 것처럼 보이겠지요.

자, 그럼 오늘 배운 내용을 정리해 볼까요?

- 우리가 물체를 보는 과정은 빛 → 각막 → 동공 → 수정체 → 유리체 → 망막(시각 세포) → 시각 신경 → 대뇌이다.
- 밝기 조절은 홍채의 움직임에 의한 동공의 크기 변화로, 거리 조절은 수정체의 두께 조절로 한다.
- 근시는 오목 렌즈로, 원시는 볼록 렌즈로 교정한다.
- 동물의 시각은 볼 수 있는 빛의 범위, 해상도 등이 사람과 다르다.

박사님, 파리의 눈은 사람의 눈과는 전혀 다르게 생겼는데 파리도 우리와 같은 모습을 보나요?
아니에요. 동물이 보는 모습은 우리가 보는 모습과는 달라요. 그럼 사람의 눈이 어떻게 사물을 보는지 알아볼까요?

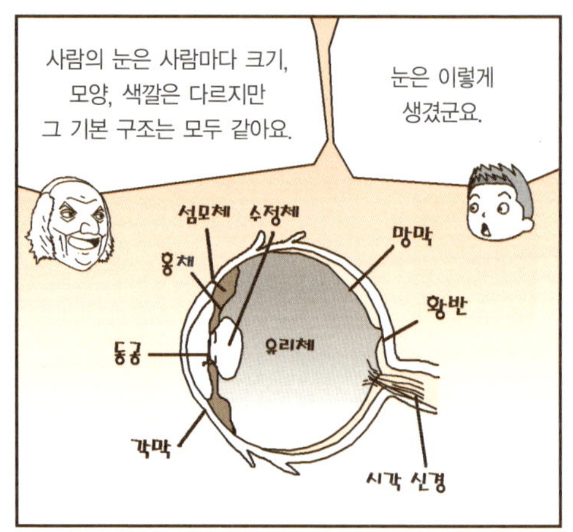

사람의 눈은 사람마다 크기, 모양, 색깔은 다르지만 그 기본 구조는 모두 같아요.
눈은 이렇게 생겼군요.
섬모체
수정체
홍채
망막
황반
동공
유리체
각막
시각 신경

그리고 각 기관은 다음과 같은 일을 한답니다.
공막 : 내부를 보호하는 역할
각막 : 공막의 일부가 변한 것
동공 : 들어오는 빛에 따라 크기가 달라짐
홍채 : 빛의 양을 조절함
수정체 : 빛을 굴절시켜 상이 맺히도록 하는 역할을 함
유리체 : 눈이 형태를 유지할 수 있게 함

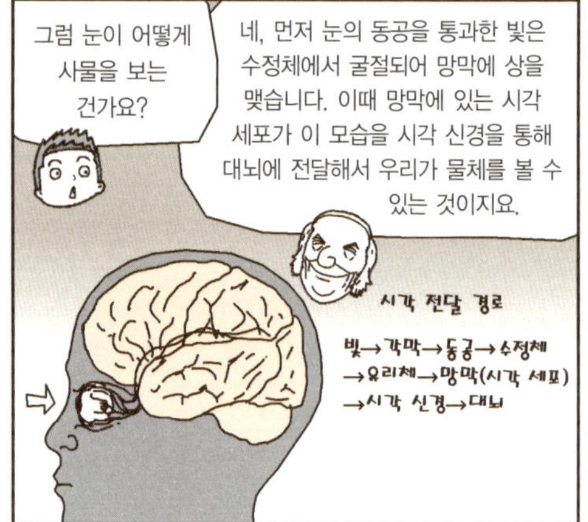

그럼 눈이 어떻게 사물을 보는 건가요?
네, 먼저 눈의 동공을 통과한 빛은 수정체에서 굴절되어 망막에 상을 맺습니다. 이때 망막에 있는 시각 세포가 이 모습을 시각 신경을 통해 대뇌에 전달해서 우리가 물체를 볼 수 있는 것이지요.
시각 전달 경로
빛→각막→동공→수정체 →유리체→망막(시각 세포) →시각 신경→대뇌

그럼 동물들은 어떤가요?
대부분의 동물은 인간처럼 많은 색을 구분할 수 없지만 인간이 볼 수 없는 적외선이나 자외선, 심지어 엑스선을 볼 수 있는 동물이 있어요.
원숭이 눈에는 X선이 보이는군.
X 선
X선이 비치는 곳에 바나나가 있다고 했지.

또 곤충들의 상당수는 초당 200~300컷의 영상을 따로따로 인식할 수 있답니다. 그러니 곤충의 눈에는 장면 하나하나가 구별되어 보이는 셈이지요.
아, 그래서 파리 잡는 게 쉽지 않은 거군요. 미세한 움직임도 잘 포착할 테니 말이에요.
우리 눈에는 동작이 하나하나 끊어져 슬로비디오로 보인다고.

귀는 어떤 일을 할까요?

귀의 구조를 살펴보고 어떤 과정을 거쳐 소리를 들을 수 있는지,
우리 몸의 균형 감각은 어떻게 유지하는지 알아봅시다.

3

귀는 어떤 일을
할까요?

베버는 천둥이 치자 창문이 흔들거리는 모습을 보며 세 번째 수업을 시작했다.

아이고, 깜짝 놀랐네요. 비가 오려나 봐요. 천둥이 칠 때 창문이 흔들리는 것을 보았지요? 이런 현상을 통해 소리는 공기의 진동이라는 것을 알 수 있답니다.

또 여러분은 보지 않고서 친구들의 목소리만 들어도 누가 누구인지 알 수 있어요. 우리가 소리를 들을 수 있고, 각각의 소리를 구별할 수 있는 것은 귀 덕분이랍니다.

이번 시간에는 귀에 대해 자세히 알아보도록 하지요.

귀의 생김새와 하는 일

귀는 소리를 들을 수 있는 청각 기관인 동시에 평형 감각 기관이기도 해요. 두 가지 일을 다 할 수 있는 능력자인 셈이지요. 청각의 자극은 소리인데 사람이 모든 소리를 다 들을 수 있는 것은 아닙니다. 소리는 진동에 의해 만들어집니다. 이 소리의 진동을 음파라고 하는데 진동이 빠를수록 음파의 파장이 짧고 고음이 되는 반면, 진동이 느릴수록 파장이 길고 저음이 됩니다.

주파수란 음의 진동이 1초에 몇 번 진동하는가를 나타내는 것으로, 주파수의 단위는 Hz(헤르츠)입니다. 사람이 들을 수 있는 소리의 주파수는 20~20,000Hz이지만 보통 대화할 때의 소리의 영역은 250~2,000Hz입니다. 주파수가 클수록 높은 소리이고, 작을수록 낮은 소리를 의미합니다.

예를 들어 오페라 가수 중 소프라노의 목소리는 높은 소리이고, 알토의 목소리는 낮은 소리입니다. 도서관에서 소곤소곤 말하는 작은 소리와 가수의 콘서트에서 환호하는 큰 소리처럼 소리의 크고 작음과는 상관없으니 헷갈리지 않도록 하세요.

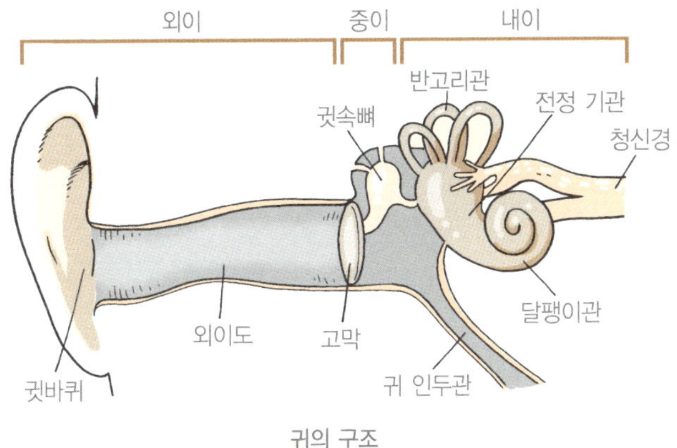

귀의 구조

　귀는 크게 위치에 따라 외이(귓바퀴, 외이도), 중이(고막, 귓속뼈, 귀 인두관), 내이(달팽이관, 전정 기관, 반고리관)로 구분할 수 있어요.

　외이는 우리가 겉에서 볼 수 있는 기관입니다. 귓바퀴는 주변의 소리를 모으고, 모인 소리는 외이도를 통해 중이로 들어갑니다. 개나 고양이, 토끼를 포함한 많은 동물이 소리가 들려오는 방향으로 쉴 새 없이 귀를 쫑긋거리는 것을 본 적이 있을 거예요. 동물은 귓바퀴를 마음대로 움직여 소리를 모을 수 있어요. 동물에게는 주변의 소리를 놓치지 않고 듣는 것이 매우 중요해요. 먹이를 잡거나 혹은 적으로부터 피하기 위해서는 조그만 소리라도 잘 들을 수 있어야 하기 때문이지요.

　하지만 사람은 귀를 움직이는 동이근이라는 근육이 퇴화하

여 귀를 움직일 수 없어요. 먼 옛날 원시 시대에 사냥과 채집으로 살아가던 우리 조상들이 한곳에 정착하여 농사를 짓고 가축을 기르기 시작하면서, 사람에게는 귀를 쫑긋 움직이는 기능이 필요하지 않았기 때문에 동이근이 퇴화한 것으로 알려져 있어요.

귓바퀴와 연결된 외이도는 S자 모양으로 길이는 약 3cm, 지름은 약 0.9cm로 피지샘이 있어 끈끈한 지방 성분을 분비합니다. 피지샘의 지방 성분은 먼지나 세균을 잡아 묶어 귀지를 만들어요. 흔히 사람들은 귀지가 많으면 불쾌감을 느끼거나 잘 들리지 않기 때문에 귀이개로 파내는 경우가 많은데요. 귀지는 귀에 벌레가 들어왔을 때 죽이는 독약의 역할도 하고, 피부를 보호하는 역할도 하기 때문에 귀이개로 너무 박박 긁어내는 것은 좋지 않아요. 귀지를 파다가 잘못하면 외이도를 다칠 수도 있어요.

한 가지 재미있는 사실은 인종이나 사는 지역에 따라 귀지의 형태가 다르다는 것입니다. 동양인의 귀지는 대개 우리가 흔히 보는 고체 상태의 딱딱한 형태인 데 비해, 서양인의 귀지는 대개 물과 같은 액체 성분이라 면봉으로 닦아만 줘도 귀지가 없어진답니다. 대신 서양인의 귀지가 냄새는 좀 심하게 난다고 해요.

귀를 만져 보면 약간 딱딱한 부분들이 느껴지는데 외이도 입구의 3분의 1이 연골로 되어 있기 때문이에요.

중이의 시작 부분은 고막입니다. 고막은 외이와 중이의 경계에 있는 0.1mm의 얇은 막으로 평소에는 팽팽하게 펴진 상태이지요. 고막에 소리가 도달하면 진동을 통해 자극을 전달하는데, 이 진동을 느낀 귓속뼈는 고막의 진동을 1.7배 정도 크게 해 준답니다. 귓속뼈는 3개의 조그만 뼈로 이루어져 있는데(사람의 뼈 중 가장 작은 뼈) 이 뼈들은 지렛대처럼 작용하여 고막의 흔들림을 크게 증폭시켜 줍니다.

귀 인두관은 중이와 목구멍을 연결해 주는 관으로 중이와 외부의 압력을 같게 유지시켜 주는 역할을 해요. 엘리베이터를 타고 갑자기 고층으로 올라가거나 높은 산 위에 올라가면 귀가 멍멍해지는데, 그 이유는 높은 곳에 올라가면 대기압이 낮아져서 중이와 외부의 압력에 차이가 생기기 때문이에요. 높은 곳은 공기가 희박해 기압이 낮으므로 고막이 안쪽에서 바깥쪽으로 밀리면서 이런 현상이 나타나는 것이지요. 이때 침을 삼키거나 하품을 하면 귀 인두관을 통해 외부의 공기가 들어오고, 코를 통해 공기가 빠져나가면서 압력차가 사라지므로 귀의 멍멍한 증상이 없어지는 거예요.

내이에 속하는 기관 중에서 청각, 즉 듣는 데 관여하는 기

관은 달팽이관뿐이고, 반고리관과 전정 기관은 평형 감각에 관여합니다.

달팽이관은 이름처럼 달팽이 모양으로 말려 있는데, 달팽이관을 길게 늘이면 약 3.5cm가 됩니다. 달팽이관 속에 들어 있는 청각 세포를 통해 소리를 뇌로 전달해 들을 수 있게 해 주지요. 전정 기관은 달팽이관과 반고리관 사이에 있는데 몸의 운동 감각이나 위치 감각을 느껴 뇌에 전달합니다. 특히

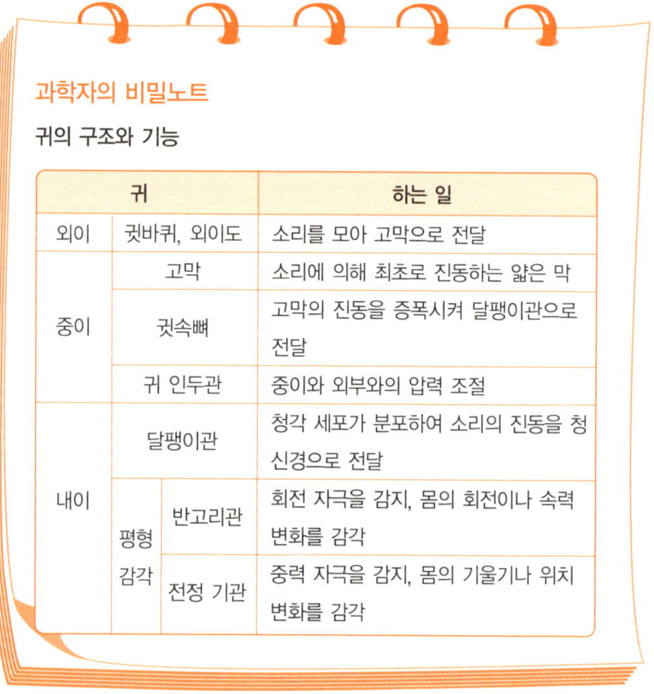

과학자의 비밀노트

귀의 구조와 기능

귀		하는 일
외이	귓바퀴, 외이도	소리를 모아 고막으로 전달
중이	고막	소리에 의해 최초로 진동하는 얇은 막
중이	귓속뼈	고막의 진동을 증폭시켜 달팽이관으로 전달
중이	귀 인두관	중이와 외부와의 압력 조절
내이	달팽이관	청각 세포가 분포하여 소리의 진동을 청신경으로 전달
내이	평형 감각 반고리관	회전 자극을 감지, 몸의 회전이나 속력 변화를 감각
내이	평형 감각 전정 기관	중력 자극을 감지, 몸의 기울기나 위치 변화를 감각

눈의 움직임에 의한 평형 감각을 담당한답니다.

반고리관은 세 개의 관이 수직으로 붙어 있는데 그 안에는 림프액이 가득 차 있으며, 관성에 의해 회전 감각을 느끼게 해 줍니다.

귀가 소리를 듣는 방법

귀에서 소리를 어떻게 듣는지를 알 수 있게 된 것은 베케시(Georg von Békésy, 1899~1972)라는 헝가리 출신의 과학자 덕분입니다. 베케시는 대학에서 물리학으로 박사 학위를 받은 후 우정성에서 전화 통신 관련 연구를 하였지요. 그런데 전화기와 관련된 연구를 하다 보니 사람의 청각 연구에 관심을 가지게 되었어요.

사실 엄밀히 이야기하자면 회사의 일을 소홀히 한 셈이었는데도, 당시의 직장 상사는 이를 나무라지 않고 오히려 연구를 열심히 하라면서 격려를 해 주었답니다. 그 직장 상사가 없었다면 청각의 전달 과정은 더욱 늦게 밝혀졌을 거예요. 이에 베케시는 병원의 시체실에서 살다시피 하면서 시체를 대상으로 귀의 구조에 대해서 연구했다고 합니다.

또 아주 작은 바늘과 가위를 이용해 실험동물의 뇌에 작은 구멍을 뚫어 소리가 어떻게 전달되는지 실험으로 밝혀냈다고 해요. 이러한 공로로 베케시는 1961년에 노벨 생리 의학상을 받게 되었답니다. 베케시가 밝혀낸 사실을 좀 더 알아볼까요?

귀로 소리를 듣는 방법은 눈으로 사물을 보는 방법에 비해서 간단한 편입니다. 귓바퀴에 음파가 모이면 이 음파는 외이도를 따라 고막에 도달합니다. 고막의 진동은 귓속뼈에서 커져 달팽이관으로 들어갑니다. 달팽이관 속에는 림프라는 액체가 들어 있는데 이 액체의 진동이 달팽이관 속에 있는 청각 세포를 자극하면서 전기 신호를 만들어 냅니다. 청각 세포의 전기 신호는 청각 세포와 연결된 청신경을 통해 대뇌로 전달되어 소리를 들을 수 있게 되는 것입니다.

소리의 이동 경로를 정리하면 '음파 → 고막 → 귓속뼈 → 청각 세포 → 청신경 → 대뇌' 순서랍니다.

우리는 주변에서 여러 가지 소리를 듣지만 항상 부드럽고 편안한 소리만 듣는 것은 아닙니다. 어떤 소리는 사람을 짜증나게 하고 심지어는 고통을 주기도 합니다.

요즘에는 엠피스리, 스마트폰 등을 많이 사용하면서 이어폰으로 영화나 음악 소리를 듣는 경우가 많이 있는데, 종종 다른 사람들까지 다 들릴 정도로 소리를 크게 듣는 사람들이 있어요. 달팽이관 속의 청각 세포는 매우 연약하기 때문에 지나치게 큰 소리에 한번 파괴되면 다시 회복되지 않는답니다. 즉, 한순간에 청각을 잃을 수도 있으니 주의해야 한다는 말이에요.

그리고 귀에 이물질이 들어가거나 고막이 찢어지거나 중이에 염증이 생길 때에도 청각 장애를 일으킬 수 있습니다. 청각 기관에 이상이 있어 생기는 난청은 대부분 치료가 어렵다는 것을 명심하세요.

또 귀는 귀 인두관을 통해 코, 입, 목구멍 등과 연결되어 있어 청각과 평형 감각, 후각과 호흡, 소리내기, 음식물 섭취 등과 서로 관련되어 있어요. 따라서 이들 중 어느 한 부위에 이상이 생기면 다른 부위에도 병이 생기기 쉽기 때문에 특히 유의해서 예방에 힘써야 해요.

안타깝게도 나이가 들수록 귀의 청력이 떨어져 높은 소리는 잘 들리지 않고, 낮은 소리만 들을 수 있어요. 또 작은 소리도 듣지 못해서 할머니, 할아버지와 이야기할 때는 크게 말해야 하지요. 조금만 방심해도 귀가 나빠질 수 있으니 여러분은 평소에 텔레비전이나 라디오의 볼륨을 크게 해서 듣지 마세요.

우리 몸이 균형을 잡을 수 있는 이유

우리 몸의 균형 감각을 알아볼 수 있는 실험을 한번 해 볼까요?

베버는 바닥에 일직선의 줄을 긋더니 자원한 학생 한 명을 나오게 해 일직선을 따라 걷도록 시켰다. 그러고선 코끼리 코를 하고 자리에서 열 번 돈 다음 다시 일직선을 따라 걷도록 시켰다.

그냥 걸었을 때와 제자리에서 열 번 돈 다음 걸었을 때의 차이는 무엇인가요?

　　__ 그냥 걸었을 때는 똑바로 걸을 수 있었는데, 제자리에서 열 번 돌고 나서는 비틀거렸어요.

　　__ 코끼리 코를 하고 돈 다음에는 어지럽고 토할 것 같았어요.

　제자리에서 한참 돌고 나면 어지러워 몸을 제대로 가누지 못하는데 그 이유는 무엇일까요? 그것은 우리 몸의 평형 감각이 이상을 일으켰기 때문입니다.

　앞에서 회전 감각을 느끼는 곳은 반고리관, 몸의 기울기를 느끼는 곳은 전정 기관이라고 했어요. 반고리관에는 림프액이라는 액체가 차 있는데 우리 몸이 움직이던 방향을 바꾸면 림프액이 움직여서 우리 몸이 바뀐 방향을 알 수 있게 해 줍니다.

　그런데 제자리에서 한참 돌고 나서 멈추게 되면 몸은 멈췄는데도 반고리관의 림프액은 계속 회전을 하지요. 마치 차가 달리다가 급정거를 하면 사람들의 몸이 앞으로 쏠리는 것처럼요. 차가 우리 몸이고, 차 안에 있는 사람들이 림프액이라고 생각해 보면 쉽게 이해가 될 것입니다. 몸은 멈췄지만 반고리관에서는 아직도 회전하는 것처럼 느끼기 때문에 비틀거리고 어지럼증이 생기게 되는 것이지요.

　놀이공원에서 뱅글뱅글 회전하는 놀이 기구를 타고 나면 어지럽고 토할 것 같은 기분을 느끼게 되는 것도 마찬가지 원

리랍니다. 흔히 멀미를 예방하기 위한 목적으로 귀에 붙이는 멀미약을 사용하곤 하는데, 이는 반고리관이 자극을 받지 않도록 일시적으로 마비시키는 것입니다. 귀 밑에 붙이는 이유는 반고리관이 그곳에 있기 때문이지요.

한편 우리는 비탈진 곳을 걸어갈 때 눈으로 비탈면의 각도를 보지 않아도 몸의 평형을 유지할 수 있어요. 엘리베이터를 탈 때 눈으로 몇 층인지 보지 않아도 위로 올라가는지 아래로 내려가는지 알 수 있어요.

이와 같이 몸의 이동 방향과 자세를 느낄 수 있는 것은 전정 기관에서 중력 자극을 감지해서 상하의 움직임이나 각도의 변화를 느낄 수 있기 때문이지요.

세계적으로 유명한 피겨 여왕, 김연아 선수는 경기 때마다 멋진 점프 연기와 회전 연기를 선보여서 관중에게 감동을 줍니다. 이는 김연아 선수가 남들보다 뛰어난 회전 감각과 평형 감각을 가지고 있어서라기보다 수많은 연습을 통해 몸의 균형을 잡는 것이랍니다. 피겨 선수들의 연습 장면을 보면 허리에 검은 줄을 매고 회전 연습을 한다는 것을 알 수 있어요. 이렇게 부단한 노력을 통해 감각을 익혀서 훌륭한 피겨 연기가 나오는 것이지요.

다양한 동물의 청각

혹시 집에서 개를 키우는 학생이 있나요? 개를 키우는 사람들은 알겠지만, 신기하게도 개는 초인종이 울리지 않았는데도 주인이 오는 소리를 알아듣고 누구보다도 먼저 현관에 대기하고 있다가 주인을 반겨 준답니다. 개의 최대 청력은 35,000Hz로, 사람의 청력보다 8배나 되는 먼 곳에서도 소리를 판별해 낼 수 있다고 해요. 이런 능력 때문에 예로부터 사람들은 개로 하여금 도둑을 지키게 했지요. 아주 작게 부스럭거리는 소리에도 짖어서 위험을 알려 주니까요. 이처럼 동물의 듣기 능력은 대부분 사람보다 뛰어납니다.

또 살아가는 방식에 따라서도 차이가 있답니다. 대부분의 야행성 동물에게는 청력이 아주 중요합니다. 어두울수록 시력이 떨어지기 때문이지요. 야행성 동물인 부엉이의 시력은 인간의 3~10배에 달하지만 정말로 깜깜한 밤에는 그 정도로의 시력으로는 먹이를 잡기에 충분하지 않습니다. 부엉이의 거대한 귓구멍은 눈을 감싸고 있는 얼굴 뒤에 숨어 있어요. 이 얼굴이 위성 안테나 역할을 하여 소리를 모아 귓구멍으로 끌어다 주기 때문에 작은 소리도 잘 들을 수 있는 거예요.

또 두더지는 눈이 아주 나쁘고 코도 예민하지 못하기 때문에 주로 듣는 것에 의존해서 살아간답니다. 따라서 두더지는 소리에 예민합니다. 몇 미터 깊이에서 움직이는 지렁이의 소리, 정확히 말하면 소리의 진동이 되겠지요. 이 진동을 감지하여 지렁이를 잡아먹을 수 있답니다.

그런데 동물들 중에는 사람이 듣지 못하는 소리를 들을 수 있는 종류도 있습니다. 이를 알아보기 위해서는 먼저 소리의 종류에 대해 알아야 해요. 사람이 들을 수 있는 가청 주파수(20~20,000Hz) 이하를 초저주파, 그 이상을 초음파(초고주파)라고 합니다. 초음파는 넓게 퍼지지 않는 특성이 있어요.

그래서 좁은 공간에서 사는 박쥐는 자신이 만들어 낸 초음

파가 물체에 반사되어 돌아오는 것을 이용하여 물체의 위치를 파악하지요. 박쥐는 불과 0.5초 만에 모기 2마리를 잡을 수도 있고, 머리카락보다 가는 물체도 피할 수 있답니다. 따라서 박쥐는 장애물이 많은 어두운 동굴에서도 부딪치지 않고 잘 날아다닐 수 있는 것입니다.

그렇다면 초저주파를 들을 수 있는 동물에는 어떤 종류가 있을까요? 흰긴수염고래, 수염고래, 기린, 코끼리 등이 있답니다. 이 중에서 흰긴수염고래와 수염고래는 지구 상에서 가장 큰 소리를 내는 동물로 기네스북에 올라 있지요. 이들이 내는 초저주파음은 그 크기가 최고 188dB(데시벨, 소리의 세기를 나타내는 단위)까지 측정됩니다. 사람은 120dB부터 귀에 통증을 느끼고, 제트 비행기의 엔진 소리는 보통 130dB이라고 하니 이들 고래가 내는 소리가 얼마나 큰지 알 수 있겠지요. 하지만 초저주파음은 우리가 들을 수 없는 소리이기 때문에 우리 귀에 피해를 주지 않습니다.

수염고래류의 저주파 울음소리는 수백 킬로미터 밖까지 전달된다고 하는데, 고래들은 이 울음소리로 서로 의사소통을 한다고 해요. 또 코끼리는 초저주파를 이용하여 수십 킬로미터 떨어진 곳에 있는 다른 코끼리와 연락을 주고받는다고 하고요. 코끼리의 초저주파를 이용한 의사소통은 한 과학자가

동물원의 코끼리 우리에서 '웅웅' 울리는 진동을 관찰했는데 (초저주파는 사람이 들을 수 없다고 했지요? 우리는 진동으로만 알 수 있어요.) 우리 안의 코끼리들이 그 신호에 따라 일정한 행동을 하는 것을 보고 알게 되었다고 해요.

한편 동물들 중에는 신기한 귀를 가진 것도 있어요. 뱀은 턱뼈를 통해 소리를 듣는데 머리를 땅에 찰싹 붙이고 턱뼈로 땅의 진동을 탐지해서 소리를 들어요. 또 거미와 귀뚜라미는 고막이 다리에 달려 있어서, 앞다리에 붙어 있는 귀로 소리를 듣지요. 이처럼 동물의 청각 능력과 듣는 방법은 굉장히 다양하답니다.

자, 오늘 배운 내용을 정리해 봅시다.

- 귀는 위치에 따라 외이(귓바퀴, 외이도), 중이(고막, 귓속뼈, 귀 인두관), 내이(달팽이관, 전정 기관, 반고리관)로 구분한다.
- 소리의 이동 경로는 음파 → 고막 → 귓속뼈 → 청각 세포 → 청 신경 → 대뇌이다.
- 전정 기관은 몸의 평형 감각을, 반고리관은 회전 감각을 감지한다.
- 동물들 중에는 사람이 듣지 못하는 초음파나 초저주파를 들을 수 있는 것도 있다.

아이고, 어지러워~. 놀이 기구를 탔더니 똑바로 걸을 수가 없어요.
하…하. 몸은 멈춰 있어도 귓속의 반고리관에서는 여전히 회전하는 것처럼 느끼기 때문에 어지럼증이 생겨서 그래요.

귓속이요? 귀는 소리를 듣는 기관이 아닌가요?
맞아요. 하지만 귓속엔 평형 감각에 관여하는 기관이 있어 몸이 균형을 잡을 수 있게 도와주기도 하지요.
전정 기관
반고리관
달팽이관
고막

그럼 귀는 소리를 어떻게 듣는 건가요?
귀가 소리를 듣는 방법은 베케시라는 과학자가 밝혀냈는데 다음과 같은 순서에 의해 소리를 듣게 된답니다.
음파 → 고막 → 귓속뼈 → 청각 세포 → 청신경 → 대뇌
진동   확대   전기 신호   뇌로 전달

또 귀는 몸이 균형을 잡을 수 있도록 어떻게 도와주나요?
귓속 반고리관에는 림프액이 차 있어 몸이 방향을 바꾸면 림프액이 움직여서 바뀐 방향을 알 수 있게 해요. 따라서 회전하다 멈추더라도 액체로 된 림프액은 계속 흔들려서 몸이 비틀거리고 어지러운 거예요.
반고리관
림프액이 출렁이니까 몸이 흔들리고 있다고 뇌에 전달해야겠다.

또한 몸의 이동 방향과 자세를 느낄 수 있는 것은 전정 기관에서 중력 자극을 감지하기 때문이랍니다.
중력이 점점 커지네. 그럼 몸이 아래로 움직이는 거잖아. 뇌에 전달해.
엘리베이터가 내려가는구나.
전정 기관

앗, 〈동물의 세계〉 시작할 시간인데, TV 켜도 될까요?
그래요. 마침 동물의 다양한 청각 감지 방법과 청력이 소개되고 있군요. 올빼미나 두더지는 굉장히 작은 소리도 들을 수 있고 박쥐나 고래, 코끼리 등은 사람이 들을 수 없는 소리도 들을 수가 있답니다.
ㅋㅋㅋ, 사람은 우리 대화를 듣지 못하겠지.

우리는 어떻게 **냄새**와 **맛**을 느낄 수 있을까요?

코와 혀의 생김새와 하는 일을 알아봅시다.

우리는 어떻게
냄새와 맛을
느낄 수 있을까요?

베버가 방귀를 뀌자 앞줄에 앉은 학생들이
코를 막았고, 얼굴이 빨개진 베버가
네 번째 수업을 시작했다.

흠흠, 미안합니다. 점심에 보리밥을 먹었더니 그만 실수를
하고 말았네요. 여러분이 냄새를 맡지 않으려고 코를 막았지
요? 오늘은 코와 관련된 후각에 관한 이야기를 하려고 해요.

코의 구조와 냄새를 맡는 과정

냄새를 맡는 후각은 오감 중에서 가장 오래된 감각으로 다
른 감각들보다 훨씬 빠른 약 35억 년 전에 나타난 것으로 추

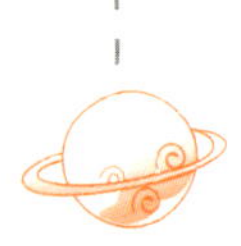

측하고 있어요. 뒤에서 이야기하겠지만 동물들에게는 후각이 굉장히 중요한 감각이랍니다. 하지만 사람에게는 상대적으로 그 중요성이 떨어지는 편이지요. 사람이 두 발로 걸어 다니면서 시각이 더 발달하게 되었고, 또 주로 낮에 활동하면서 다른 동물들에 비해 후각이 퇴화했거든요. 하지만 다른 동물들에 비해서 그 기능과 중요성이 떨어질 뿐 여전히 중요한 감각임에는 틀림없습니다.

일반적으로 코는 우리 몸 안으로 들어오는 공기를 데우고 습도를 유지하며, 콧속의 털은 우리 몸에 들어오는 나쁜 세균을 잡는 일을 합니다. 코는 공기가 드나드는 통로로 생명을 유지하는 데 매우 중요한 기관이지만 냄새를 맡는 후각 기관이기도 합니다. 콧구멍 깊숙한 곳에는 비강이라는 빈 공간이 있고, 콧속 윗부분에 있는 약 $2.5cm^2$ 크기의 후각 상피에는 냄새를 느끼는 후각 세포가 모여 있지요.

후각 세포는 길쭉한 모양으로 끝부분에 감각모가 있으며 기체 상태의 화학 물질을 감지합니다. 이 감각모는 5억 개 이상이나 된답니다. 겉으로 보이는 면적은 $2.5cm^2$밖에 안 되지만 실제로는 매우 넓은 공간에서 냄새를 맡는 것이지요. 또 후각 세포와 연결된 약 600만~1,000만 개의 후각 신경이 있답니다.

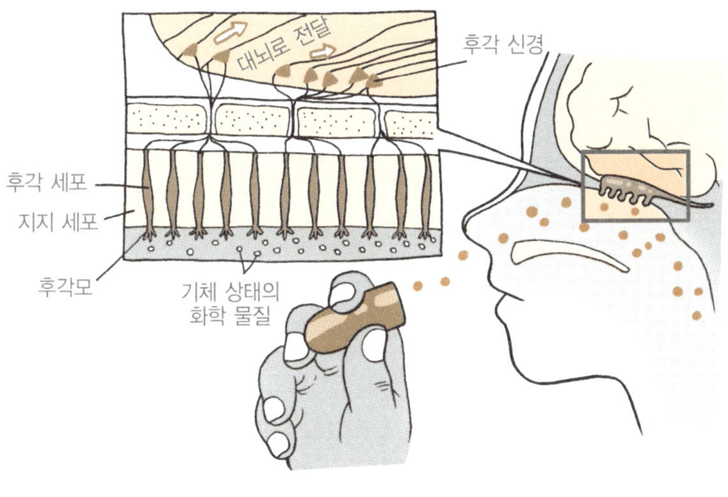

코의 구조

후각이 전달되는 과정은 다른 감각에 비해 매우 간단합니다. 이 후각 세포가 모여 있는 곳은 점액 물질로 둘러싸여 있는데 냄새를 피우는 기체 상태의 화학 물질이 비강에 들어오면 이 점액층에 녹아 들어갑니다. 한편 점액층에 녹아 들어간 화학 물질이 후각 세포에 있는 감각모들과 결합해요. 화학 물질과 결합한 감각모는 후각 세포를 흥분시키고 이 흥분이 후각 신경을 통해 대뇌로 전달되어 냄새를 맡게 되지요.

즉, 후각을 느끼는 순서는 '기체 상태의 화학 물질 → 후각 상피 → 후각 세포 → 후각 신경 → 대뇌'입니다.

최근 후각에 대한 연구에서 새로운 사실이 밝혀졌는데, 후

각 세포에서 특정 냄새를 맡는 부분이 따로 있다고 합니다. 예를 들어 달콤한 냄새를 맡는 곳, 독한 방귀 냄새를 맡는 곳, 비린내를 맡는 곳 이런 식으로요. 즉, 달콤한 냄새를 맡는 곳에서는 비린내를 맡지 못하는 것이지요. 연구가 더 진행되면 우리가 맡고 싶지 않은 냄새는 맡지 못하는 인공 코 같은 장치가 나올지도 모르겠네요.

사람의 코는 개에 미치지 못하지만 1L의 공기 속에 있는 100억분의 1g의 냄새 분자를 감지할 수 있는 예민한 기관입니다. 예를 들어 스컹크가 내뿜은 냄새 분자 1개가 신선한 공기 분자 100억 개 속에 섞여 있어도 우리의 코가 냄새를 감지할 수 있다는 뜻입니다.

또 사람은 3,000~10,000종류나 되는 냄새를 구별할 수 있다고 해요. 그래서 특히 후각이 발달된 사람 중에는 향수를 만드는 조향사나 음식을 연구하는 요리 연구가가 되기도 합니다. 남들보다 예민한 감각이 직업 결정에 도움이 되는 셈이지요.

이렇게 여러 감각 기관 중 후각이 가장 예민하지만 피로해지기도 쉽습니다. 미각도 예민한 감각이지만, 후각은 미각보다 10,000배나 더 예민하답니다. 즉, 후각은 쉽게 순응이 된다는 이야기입니다.

코는 냄새를 맡기 시작할 때나 냄새가 강해졌을 때만 냄새를 지각하고, 같은 농도의 냄새가 오랫동안 지속될 때에는 냄새를 느끼는 후각 중추가 지쳐 버려 더 이상 냄새를 느끼지 못합니다. 꽃의 향기나 화장실의 냄새가 처음에는 강하게 느껴지지만 시간이 지나면서 잘 느껴지지 않는 이유가 이 때문이랍니다.

다양한 동물의 후각

2011년 일본의 대지진 현장은 정말 참혹했습니다. 일본의 동북부 해안가 마을은 10m가 넘는 쓰나미까지 몰려와 초토화가 되었지요. 그런데 엉망진창으로 무너진 잔해에서 사람을 구조하는 구조대원들 옆에서 구조견들이 활약하는 모습을 여러분도 보았겠지요. 실제로 구조견의 도움으로 건물 밑에 깔려 있는 사람들을 많이 구조하였답니다. 어떻게 이런 일이 가능했을까요?

사람의 후각 세포는 모두 500만 개지만, 개는 사람의 40배에 이르는 약 2억 개의 후각 세포를 가지고 있기 때문에 사람보다도 냄새를 잘 맡습니다. 또 사람과 개의 비강의 상피 면

적을 비교해 보면 사람이 3~4cm^{2}인 반면, 개는 품종과 크기에 따라 다르지만 18~150cm^{2}에 이릅니다. 이 때문에 개는 적절히 훈련을 시키면 사냥, 추적, 경계는 물론 폭발물이나 마약을 탐지하는 데 이용할 수 있답니다.

공항이나 항구에서 활약하는 마약 탐지견은 잘 포장된 극소량의 마약도 어렵지 않게 찾아내며, 특히 영국산 경찰견인 블러드하운드는 냄새로 미아나 범인을 찾는 데 명성을 떨치고 있지요. 또 최근 서양에서는 탁월한 후각 능력을 이용해 간질 환자의 발작을 20~30분 전에 미리 경고해 주는 개도 있다고 합니다. 이는 개가 간질 환자의 숨에서 미세한 냄새 변화까지 감지할 수 있기 때문에 가능한 것입니다.

그러나 개조차도 누에나방에 비하면 아무것도 아닙니다. 누에나방은 세상에서 가장 후각이 발달한 동물로, 누에나방 수컷의 더듬이는 10km 밖에 있는 암컷의 냄새를 맡을 수 있을 정도로 예민합니다. 누에나방의 뇌 세포 절반가량이 후각을 판단하는 일을 담당할 정도로 곤충의 후각은 다른 동물들에 비해 뛰어나답니다.

누에나방의 뛰어난 후각을 연구했던 독일의 과학자 부테난트(Adolf Butenandt, 1903~1995)는 누에나방의 암컷이 분비하는 냄새나는 화학 물질이 수컷을 유혹해서 짝짓기를 한다는 것을 밝혀냈는데, 이 물질이 바로 페로몬입니다. 페로몬은 동물들 사이에 냄새로 신호를 주고받는 호르몬의 일종입니다. 페로몬은 같은 종류의 동물에게만 효과가 있으며 종류에 따라 짝짓기를 유도하는 페로몬, 주변의 위험을 알려 주는 호르몬, 먹이 정보를 알려 주는 호르몬 등이 있답니다.

최근에는 인간에게도 페로몬이 분비된다는 연구 결과가 나왔지만 성분이나 어떤 방식으로 작용하는지 등 자세한 내용은 아직 알려지지 않았답니다.

이처럼 동물의 후각은 먹이를 찾고, 적의 존재를 알아채고, 짝을 찾는 수단이 되기도 하며, 냄새로 서로를 구별할 수 있

고, 동료의 몸 상태도 알 수 있습니다. 또 동물은 다른 종의 동물에게서 나는 냄새에 대하여 반응합니다. 냄새로 먹잇감을 찾거나 천적의 냄새를 맡고 도망치는 데에도 후각 정보가 이용된답니다.

그 예로 쥐가 고양이의 냄새를 맡으면 몸을 움츠리는 행동을 취합니다. 반대로 고양이는 쥐의 냄새를 맡으면 잡아먹으려고 날카롭게 반응합니다. 또 뱀장어는 6×10^{20}배로 희석된 알코올 냄새를 맡을 수 있다고 합니다. 달리 말하면 길이 50km, 폭 10km, 깊이 7km의 거대한 호수에 알코올이 1g만 들어 있어도 감지해 낸다는 뜻입니다.

이처럼 동물의 후각은 생존에 필요한 일차적인 감각이지요. 사람은 주로 시각에 의존하지만 개나 다른 동물들은 귀와 코를 주로 사용합니다. 다람쥐는 냄새를 맡아 몇 달 전에 묻어 둔 도토리를 찾아내고, 모기는 사람이 내쉬는 이산화탄소를 맡고 희생자를 찾아낸답니다. 연어는 태어난 강의 냄새를 기억해서 돌아가는 등 동물이 후각을 이용하는 예는 너무나 많습니다.

또 동물들 중에는 코가 아닌 다른 기관으로 냄새를 맡는 것도 있어요. 뱀은 특이하게 혀로 냄새를 맡습니다. 날름거리는 혀로 어떤 냄새를 감지하면 얼른 입으로 가져가 맛을 보지

요. 사실 대부분의 뱀은 시력도 나쁜 데다 귀도 잘 들리지 않아요. 뱀을 자세히 관찰하면 '메롱' 하고 약 올리듯이 혀를 내미는데 사실은 열심히 냄새를 맡고 있는 것이랍니다. 뱀은 공기 중에 떠도는 냄새 분자를 혀에 묻혀서 입천장에 있는 야콥슨 기관이라는 냄새 감지 기관으로 전달하여 무슨 냄새인지 구별하지요.

맛을 느끼는 방법

아무리 맛있는 음식이 차려져 있더라도 맛을 모른다면 얼마나 슬플까요? 피곤하거나 기분이 나쁠 때 달콤한 초콜릿이

나 아이스크림 같은 음식을 먹으면 피로가 풀리고, 기분이 좋아지는 걸 경험한 적이 있을 거예요. '여러 가지 즐거움 중에서 먹는 즐거움이 으뜸'이라는 말도 있듯이 사람에게 맛있는 음식을 먹는 일은 큰 기쁨이 아닐 수 없답니다.

그럼 맛을 느끼는 기관은 어디일까요? 바로 혀입니다.

혀는 길이가 약 10cm이며 근육 덩어리로 되어 있어요. 혀는 작은 근육이지만 음식물과 침을 섞어 주고 입 안의 음식물을 목구멍으로 밀어 넣기도 하며, 말을 할 때에도 없어서는 안 되는 중요한 기관이지요. 침 속에는 아밀레이스라는 탄수화물을 소화시키는 소화 효소가 들어 있지만, 실제로 소화의 역할을 담당한다기보다는 녹말을 단맛 나는 설탕으로 바꾸어 미각을 높여 식욕을 촉진시키는 역할이 더 크다고 할 수 있어요.

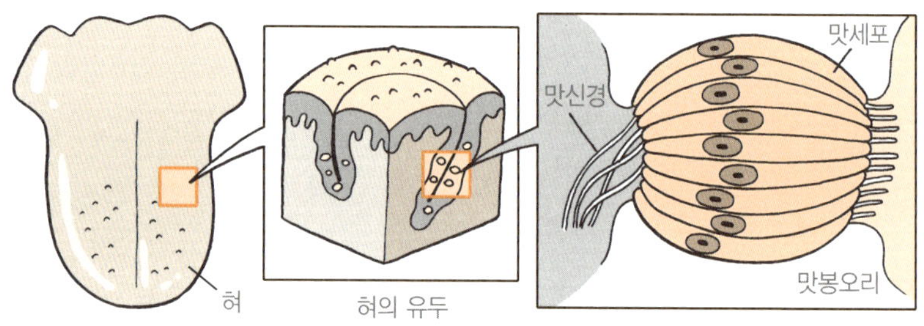

혀의 구조

혀의 표면을 자세히 들여다보면 좁쌀처럼 생긴 작은 돌기(혀의 유두)가 많고 이 돌기 속에 맛을 감지하는 맛봉오리가 있어요. 맛봉오리라는 이름은 모양이 꽃봉오리를 닮아 붙인 거예요. 맛봉오리는 약 9,000~10,000개가 있어요. 물이나 침에 녹은 액체 상태의 물질이 맛봉오리에 닿으면 맛봉오리 속에 들어 있는 맛세포가 흥분을 일으키고 그 자극이 맛신경을 통해 대뇌에 전달되어 맛을 감지합니다. 즉, '액체 상태의 화학 물질 → 유두 → 맛봉오리(맛세포) → 맛신경 → 대뇌' 순서로 맛이 전달되는 것이지요.

혀에서 느낄 수 있는 맛의 종류는 크게 단맛, 신맛, 쓴맛, 짠맛, 감칠맛 이렇게 5가지로 나뉩니다. 우리는 특히 쓴맛에 민감한데, 이는 대부분의 독성 물질들이 쓴맛을 지니고 있기 때문이에요. 먹을 수 있는 음식과 독이 든 음식을 구별할 수 있는 생존의 지혜라고 할 수 있겠지요.

그런데 우리가 느낄 수 있는 맛의 종류는 약 200여 가지입니다. 200여 가지의 맛은 이 5가지 맛과 매운맛, 떫은맛 등이 복합적으로 작용하여 나타나는 것이지요.

맛봉오리에서는 단맛, 신맛, 쓴맛, 짠맛, 감칠맛을 느낄 수 있는데, 그럼 매운맛과 떫은맛은 어디서 느끼는 것일까요? 매운맛과 떫은맛은 혀의 맛세포가 느끼는 맛이 아니라 아픔

과 관련된 통점과 물체에 닿는 느낌이 관여하는 압점이 받아
들이는 감각입니다. 통점과 압점에 관련된 이야기는 다음 시
간에 자세히 하도록 하지요.

　매운 음식을 먹을 때 혀와 피부가 얼얼하면서 아픔을 느끼
고 땀이 송글송글 맺혔던 경험이 있나요? 이런 현상은 매운
맛이 맛이 아닌 아픔으로 느낀다는 증거가 되지요. 그런데
음식의 맛은 순수하게 혀에서만 느끼는 것일까요?

베버는 한 학생을 앞으로 나오게 한 다음 눈을 가리고 코를 막은
후, 사과와 양파를 먹어 보게 했다.

방금 먹은 것이 무엇인지 알아맞혀 보세요.
__ 사각거리는 느낌이었는데, 무슨 맛인지는 잘 모르겠어요.

베버는 학생에게 사과와 양파를 보여 주었다. 학생은 매운 양파를
먹었는데도 맛을 못 느꼈다는 것과 사과와 양파를 구별하지 못한
것에 대해 놀라워했다.

이 친구가 보이는 반응에 여러분도 놀라는 눈치군요. 궁금
하다면 짝과 함께 실험을 해 보세요. 눈을 감고 음식의 맛을

보면 눈을 뜨고 맛을 보는 것과는 다르게 느껴지지요. 그 이유는 우리가 느끼는 음식의 맛은 미각뿐만 아니라 다른 감각 기관의 자극과 함께 복합적으로 느끼기 때문이에요.

'보기 좋은 떡이 먹기도 좋다'라는 속담이 있지요? 이를 과학적으로 풀이해 보면 시각도 맛에 큰 역할을 한다고 해석할 수 있어요.

또 여러분은 감기에 걸려 코가 막히면 음식의 맛을 제대로 느끼지 못했던 적이 있었을 겁니다. 그 이유는 맛을 보는 데 후각도 관여하기 때문이에요. 아까 코를 막은 후 사과와 양

매운맛을 덜 느낄 수 있는 방법

1. 차게 식혀 먹을 것

   청양 고추가 들어간 매운탕을 뜨거운 상태로 먹을 때보다 차게 식혀 먹으면 매운맛을 덜 느낀다. 음식의 매운맛이 사라진 것이 아니라 우리 몸에서 매운 것을 느끼지 못하기 때문이다. 매운맛은 아픔을 느끼는 통점과 따뜻함을 느끼는 온점에서 느끼는 것이기 때문에 온도가 높으면 더욱 맵게 느껴지고, 온도가 낮으면 매운 정도가 덜하다.

2. 찬 우유를 천천히 마실 것

   매운 것을 먹을 때 물을 마시는 것은 별 소용이 없다. 이것은 매운맛의 주성분이 기름이기 때문이다. 물과 기름은 섞이지 않기 때문에 물을 마셔도 매운맛은 없어지지 않는다. 이럴 때는 우유를 천천히 마시면 매운맛의 성분이 녹아 덜 맵게 느껴진다.

파를 먹었을 때 맛을 구별하지 못한 것도 냄새가 나지 않았기 때문입니다. 〈1박 2일〉 같은 텔레비전 프로그램에서 흔히 벌칙으로 복불복 게임을 하여 까나리액젓, 청국장 등 냄새가 고약한 재료를 섞은 음료나 음식 같은 것을 먹게 하는 경우가 많은데, 만일 이런 상황에 처한다면 눈을 꼭 감은 다음 코를 막고 단번에 먹으면 그 고통을 조금이나마 줄일 수 있겠지요.

자, 그럼 오늘 배운 내용을 정리하면서 수업을 마칠게요.

- 코는 후각 상피에서 기체 상태의 화학 물질을 감지해 후각 세포 → 후각 신경 → 대뇌로 전달해서 냄새를 느낀다.
- 혀는 액체 상태의 화학 물질을 혀의 맛봉오리에 있는 맛세포에서 감지하고 맛신경 → 대뇌로 전달해서 맛을 느낀다.
- 음식의 맛은 미각과 후각이 같이 관여해서 느낀다.

만화로 본문 읽기

와, 정말 신기해요. 박사님 말씀대로 눈과 코를 막고 먹었더니 사과와 양파를 구분하지 못하겠어요.
후후, 그렇지요. 맛은 미각과 후각 등의 다른 감각이 복합적으로 작용해서 느껴지는 자극이기 때문에 그래요.

그럼 코는 어떻게 냄새를 맡을까요? 우선 코의 구조를 알아봅시다. 콧속 깊숙한 곳에 비강이라는 빈 공간이 있고 윗부분에는 냄새를 느끼는 후각 세포가 모여 있어요.
비교적 단순한 구조네요.
후각 세포 후각 신경

냄새를 피우는 기체가 비강에 들어오면 후각 세포를 감싸고 있는 점액층에 녹아 후각 세포에 있는 감각모들과 결합합니다. 그리고 결합한 감각모는 후각 세포를 흥분시켜 후각 신경을 통해 대뇌로 자극을 전달하는 것이지요.
아, 그렇게 냄새를 맡는 것이군요.
기체 상태의 화학 물질→후각 상피 →후각 세포→후각 신경→대뇌

다른 동물도 비슷한가요?
동물의 후각은 먹이를 찾고, 적의 존재를 알아채고, 짝을 찾는 수단이나 동료의 몸 상태를 알 수 있는 등 생존과 직결되는 감각이어서 사람보다 월등히 발달되어 있어요.
난 10km 밖의 암컷 냄새를 맡을 수 있다고.
수컷 나방
난 냄새로 내가 태어났던 강을 찾을 수 있어.
킁킁, 난 냄새로 몇 달 전에 묻어 둔 도토리를 찾을 수 있지.
다람쥐
연어

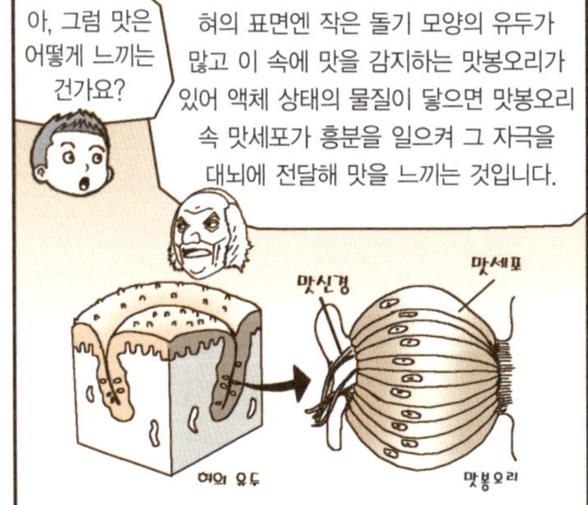
아, 그럼 맛은 어떻게 느끼는 건가요?
혀의 표면엔 작은 돌기 모양의 유두가 많고 이 속에 맛을 감지하는 맛봉오리가 있어 액체 상태의 물질이 닿으면 맛봉오리 속 맛세포가 흥분을 일으켜 그 자극을 대뇌에 전달해 맛을 느끼는 것입니다.
맛신경
맛세포
혀의 유두
맛봉오리

그런데 매운맛과 떫은맛은 혀의 맛세포가 아니라 아픔과 관련된 통점과 압점이 느끼는 자극이에요. 이처럼 맛이란 맛세포만이 아니라 여러 감각 기관에서 복합적으로 느껴서 만들어져요.
그렇군요.
맛
맛봉오리
단맛 신맛 쓴맛 짠맛 감칠맛
통점과 압점
매운맛 떫은맛
코
냄새
눈
모양

피부에서는 어떤 감각을 느낄 수 있을까요?

피부의 생김새와 하는 일을 살펴보고 어떤 감각을 느낄 수 있는지 알아봅시다.

5

피부에서는 어떤 감각을
느낄 수 있을까요?

교.
과.
연.
계.

초등 과학 5-2
중등 과학 1
중등 과학 3

1. 우리의 몸
4. 생물의 구성과 다양성
1. 자극과 반응

베버는 속을 들여다볼 수 없는
커다란 상자를 들고 와서
다섯 번째 수업을 시작했다.

우리 몸을 보호하는 피부

이 상자 안에는 미지의 물건이 들어 있답니다. 상자 위쪽에 손을 넣을 수 있을 정도의 구멍이 뚫려 있어요. 이 안에 무엇이 들어 있는지 보지 말고 구멍에 손을 넣어 만져서 알아맞혀 보세요.

＿ 길쭉하게 생긴 부분이 있는데, 차갑고 가운데 부분이 약간 볼록해요.

＿ 손가락이 들어갈 만한 크기의 구멍이 두 개 나 있어요.

__ 구멍에 손가락을 넣고 힘을 주니 움직이고, 소리도 나요.

__ 아, 가위예요.

베버는 상자 안의 물건을 밖으로 꺼냈다. 학생들의 말대로 문구용 가위였다.

여러분이 눈으로 보지 않고 손으로만 만져 보았는데 무엇인지 금방 알 수 있었어요. 그것은 피부에서 물체의 촉감을 느낄 수 있기 때문입니다. 또 어떤 학생은 가위의 날 부분을 만지고 차갑다고 느꼈어요. 이 또한 피부가 온도 변화를 느낄 수 있기 때문에 알 수 있는 것이랍니다.

우리가 갑자기 컴컴한 곳에 들어가 앞을 잘 볼 수 없을 때 손을 내밀어 여기저기 만져 봄으로써 방향과 위험성 여부를 알게 되지요. 이런 모습을 통해 우리는 피부가 얼마나 중요한가를 알 수 있어요. 피부 감각에 대해 더 자세히 알아보기 전에 기본적인 내용부터 알아볼까요?

피부는 우리의 몸을 둘러싸고 있는 보호막 역할을 하지요. 사람 피부의 총면적은 어른의 경우 약 $2m^2$(조그만 방 하나 크

과학자의 비밀노트

피부가 하는 일

피부는 표피와 진피, 피부밑 지방으로 이루어져 있다. 표피의 겉은 죽은 세포로 이루어진 각질층이 덮고 있는데, 우리가 때를 밀 때 떨어져 나가는 곳이다. 각질층은 세균의 침입을 막고 몸 안의 수분이 빠져나가는 것을 막아 준다. 표피에는 멜라닌 색소가 있어서 피부색을 결정한다. 진피에는 감각점, 신경, 모세 혈관, 땀샘이 있다. 감각점에서 느낀 감각은 신경을 통해 대뇌로 전달된다. 땀샘은 온몸에 250만 개 정도 분포하는데 특히 겨드랑이, 이마, 손바닥, 발바닥에 발달되어 있다. 땀샘은 체온 조절 및 노폐물을 배출한다. 피부밑 지방은 지방 성분으로 이루어져 있으며, 양분을 저장하고, 추위로부터 몸을 보호하는 역할을 한다.

또 피부는 햇빛(자외선)을 받아 비타민 D를 합성한다. 자외선을 너무 많이 받으면 피부암에 걸릴 수 있지만, 너무 부족해도 구루병에 걸릴 수 있기 때문에 적절한 수준의 햇빛을 받는 것이 좋다.

기)이며, 어린이의 피부는 약 $1.5m^2$ 정도입니다. 피부는 우리 몸에서 가장 무거운 부분으로 몸의 크기에 따라 다르지만 2.5~4.5kg 정도 나간답니다. 굉장히 무게가 많이 나가지요. 피부는 체온을 유지하고 세균의 침입을 막아 주는 일을 해요. 많은 일을 하는 만큼 피부는 수명이 짧아서, 우리 몸에서는 매일 약 100억 개의 피부 조각이 떨어져 나간답니다.

피부에서 느끼는 감각

사람의 피부는 접촉, 압력, 열, 화학 물질, 온도 변화 등을 느낄 수 있습니다. 이러한 감각을 피부 감각, 압각, 통각, 냉각, 온각이라고 합니다. 이러한 감각은 피부의 진피 속에 자리 잡고 있는 감각점에서 느끼며, 이것을 대뇌로 전달함으로써 우리 몸에서 접촉이나 아픔, 온도 변화 등을 느낄 수 있는 거랍니다.

이러한 피부 감각점들은 특수하게 분화된 신경 말단들로 이루어져 있어요. 감각점은 그 종류에 따라 피부 속에서 위치하는 곳과 생김새가 다릅니다. 피부 감각은 촉점(마이스너 소체), 냉각은 냉점(크라우제 소체), 온각은 온점(루피니 소체),

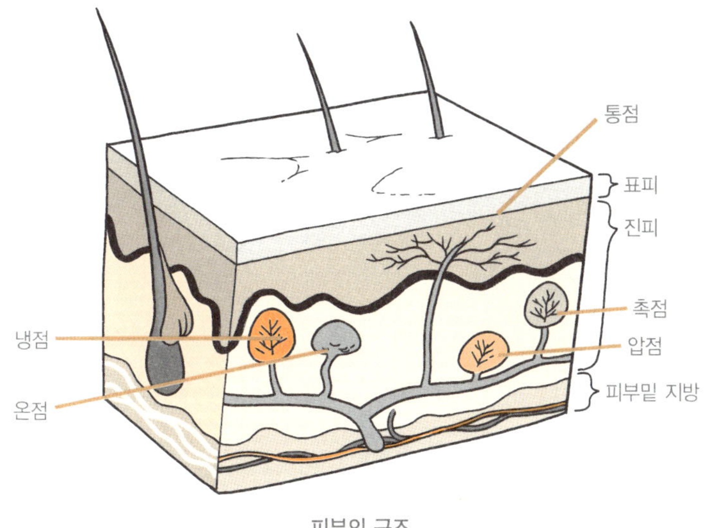

피부의 구조

압각은 압점(파치니 소체)이 담당하지요. 한편 통각은 특별한 감각점이 없고 신경의 말단에서 바로 대뇌로 신호를 보내 즉각적으로 아픔을 느끼게 한답니다.

이러한 감각 기관들은 몸의 부위에 따라 분포하는 밀도가 다르기 때문에 어떤 곳은 통증을 잘 느끼는가 하면 어떤 곳은 온도나 촉감을 더 잘 느끼는 것이지요.

그렇다면 우리 몸의 감각점이 실제로 어떤 활동을 하는지 실험을 해 볼까요?

베버는 이쑤시개가 가득 담긴 통을 꺼내 학생들에게 2개씩 나누어

1. 두 명씩 짝을 지은 다음 한 명은 뒤돌아 앉아 손만 뒤로 내밀어요.

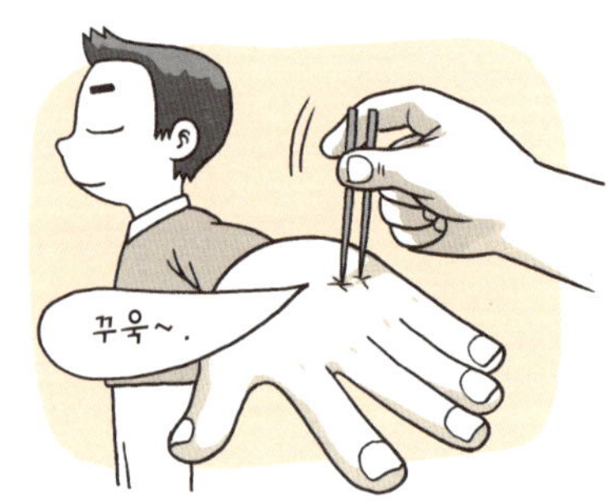

2. 다른 한 명이 이쑤시개 2개를 가지고, 거리를 벌려 가며 동시에 손등에 살짝 눌러요.

3. 처음에는 두 이쑤시개의 사이를 가깝게 누르고 몇 개로 느껴지는지 묻고, 다음에 조금 더 넓게 해서 누르고 몇 개로 느껴지는지 묻고, 이렇게 하다가 2개로 느껴지는 게 어느 정도 거리인지를 확인해 봐요.

4. 2개로 느껴진다고 하면 누른 상태에서 눈으로 확인하도록 해요.

5. 손등에 실험했으면, 엄지손가락 지문 부분, 팔뚝, 목 뒤 등 여러 군데를 실험해서 결과를 기록해 봐요.

6. 한 사람이 다 끝나면 다른 친구도 똑같이 실험해 보고, 결과를 비교해 봅시다(이때 주의할 점은 이쑤시개가 뾰족해서 아플 수 있으니 실험 전에 이쑤시개를 바닥에 눌러 끝을 뭉툭하

게 해 주세요).

여러분이 실험을 통해 알아낸 사실을 이야기해 볼까요?

__ 손가락 지문 부분에서는 이쑤시개 사이가 가까웠을 때도 구별할 수 있었지만, 손등이나 팔뚝, 목 뒤는 생각했던 것보다 더 먼 거리에서도 구별하지 못했어요.

__ 친구들마다 이쑤시개가 2개라는 것을 느낄 수 있는 거리가 조금씩 달랐어요. 어떤 친구는 이쑤시개 사이가 아주 가까운 데도 2개라는 걸 알아챘지만, 어떤 친구는 같은 신체 부위에서 이쑤시개 사이를 더 벌렸음에도 잘 알아채지 못했어요.

네. 모두들 잘 관찰했네요. 손가락의 지문에서 실험해 보면 두 이쑤시개 사이의 거리가 상당히 가까워도 각각의 이쑤시개를 구별해 내지만, 손등이나 팔뚝에서 실험해 보면 두 이쑤시개 사이가 꽤 먼 거리에서도 각각의 이쑤시개를 구별하지 못했다는 것을 발견할 수 있어요. 즉, 손가락 끝처럼 촉감이 발달할 필요가 있는 곳은 감각점이 더 많이 분포하고 팔뚝처럼 촉감이 크게 필요 없는 곳은 감각점이 많지 않다는 것을 알 수 있답니다. 우리 몸에서 손가락 끝이나 입술이 손등보다 감각이 예민한 것은 이 때문입니다.

방금 한 실험을 통해 피부에 있는 여러 감각점 중 촉점의

위치와 수를 알아보았어요. 앞의 감각점 그림에서도 보았듯이 피부 감각은 피부 가까이에 있는 촉점에 의해 자극을 느끼며, 외부 환경과 접촉이 많은 부분일수록 촉점의 밀도가 높습니다. 손가락이나 발가락, 입술 같은 부분이지요. 그래서 촉감을 예민하게 느낄 수 있는 거예요.

한편 압각은 신체 일부가 눌렸을 때 생기는 감각으로 피부 깊숙이 들어 있는 압점에 의해 압력을 느끼는 것입니다. 압각은 피부 표면에서 느껴지는 촉각과는 구별해야 합니다.

감각점은 몸의 각 부위에 따라서도 수가 다르지만, 사람에 따라서도 차이가 있어요. 앞에서 미각이나 후각도 예민한 사람과 둔감한 사람이 있듯이 피부 감각도 예민한 사람과 둔한 사람이 있답니다. 또 연습을 통해 후천적으로 발달하기도 하지요. 예를 들어 시각 장애인들의 경우 눈으로 보지 못하는 대신 피부 감각을 통해 정보를 얻습니다. 촉점과 압점의 숫자가 늘어나 눈의 역할을 대신하지요. 점자 책은 글자나 숫자를 점자로 나타내서 시각 장애인들이 편하게 정보를 얻을 수 있도록 해 준답니다.

얼마 전에 텔레비전에서 맨손으로 끓는 기름에 닭을 튀기는 사람을 본 적이 있어요. 보통의 사람이라면 엄두도 못 낼 그런 일을 태연히 하는 그 사람을 보면서 놀랍기도 하고, 과

점자 책

연 손이 괜찮을까 걱정이 되기도 했지요. 이렇게 피부에서 느끼는 감각은 사람마다 차이가 있어서 민감하게 잘 느끼는 사람도 있고, 둔감한 사람도 있답니다. 또 앞서 예를 든 맨손으로 닭을 튀기는 사람처럼, 오랜 연습을 통해서 감각을 더 예민하게 하거나 둔감하게 만들 수도 있어요. 그렇다고 해서 여러분도 텔레비전에 나오고 싶다고 맨손으로 닭을 튀기는 연습을 할 생각은 하지 말길 바랍니다.

온각과 냉각은 절대적인 온도를 느끼는 것이 아니라 상대적인 온도의 변화만을 감지합니다. 그래서 처음보다 온도가 높아질 때에는 온점에서 자극을 받고, 처음보다 온도가 낮아질 때에는 냉점에서 자극을 받지요. 예를 들어 오른손은 뜨거운 물이 담긴 그릇 안에 담그고, 왼손은 차가운 물이 담긴

그릇 안에 담근 후 두 손을 미지근한 물에 담그면 뜨거운 물에 담갔던 오른손은 차갑게 느껴지고, 차가운 물에 담갔던 왼손은 뜨겁게 느껴질 거예요. 이는 오른손에서는 냉점이 자극을 받아 차갑게 느끼는 것이고, 왼손에서는 온점이 자극을 받아 뜨겁게 느끼기 때문이랍니다.

그렇다면 우리 몸의 냉점과 온점 중에서는 어떤 것이 더 많을까요? 간단한 기구만 있으면 알아볼 수 있답니다. 구리선, 고무찰흙, 유리병만 있으면 온점·냉점 감지기를 만들 수 있어요. 그럼 우리 함께 해 볼까요?

먼저 15cm 정도 되는 구리선을 준비해 한쪽 끝을 살짝 접은 다음, 유리병 뚜껑에 구멍을 뚫고 구리선을 넣은 후 뚜껑 윗부분을 고무찰흙으로 막습니다. 그리고 유리병 안에 얼음물을 넣은 후 구리선을 꽂은 뚜껑으로 막아 주세요. 그리고 가로세로 5cm 되는 모눈종이를 준비해 4mm 간격으로 작은 구멍을 뚫어 주세요. 내가 준비해 온 이 모눈종이를 이용해 실험을 해 보도록 하지요.

베버는 한 학생을 앞으로 나오게 하여 그 학생의 손등에 구멍이 뚫린 모눈종이를 놓은 다음 각 구멍에 검정 수성 사인펜으로 점을 찍었다.

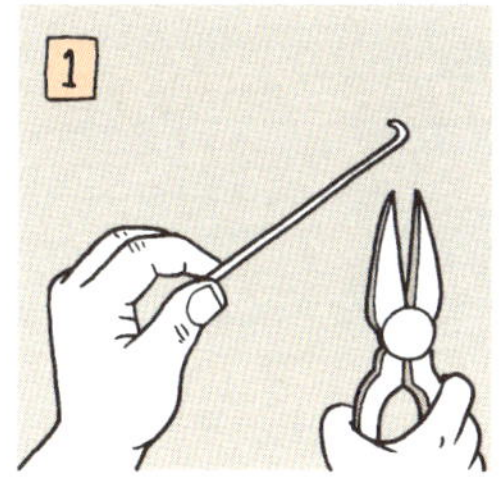

구리선의 끝을 꺾어 올린다.

구리선을 뚜껑에 넣은 후 고무 찰흙으로 막는다.

모눈종이에 4mm 간격으로 구멍을 뚫는다.

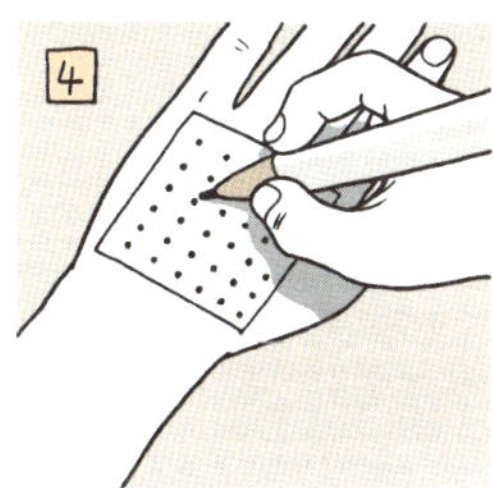

모눈종이를 손등에 붙인 후 표시한 위치에 수성 사인펜으로 점을 찍는다.

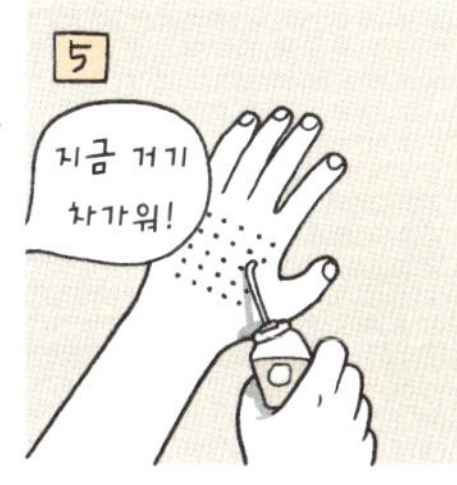

찬물이 담긴 병의 구리선 끝을 댈 때 보면서 냉점을 찾아 파란색으로 점을 찍는다.

뜨거운 물이 담긴 유리병으로 다시 실험해서 뜨거움을 느끼는 온점을 찾아 빨간색으로 점을 찍는다.

모눈종이를 떼면 손등에 규칙적인 까만 점들이 생길 거예요. 이제는 다른 학생 한 명이 도와주세요. 먼저 나온 학생은 눈을 감으세요. 다른 학생은 유리병의 구리선 끝을 까만 점이 찍힌 부분에 한 번씩 대 주세요. 차가움을 느낄 경우 말을 하면 그 부분은 파랑 수성 사인펜으로 점을 찍으면 됩니다.

이 실험이 다 끝난 다음에는 뜨거운 물이 담긴 유리병으로 다시 실험해 뜨거움을 느끼는 곳에 빨강 수성 사인펜으로 점

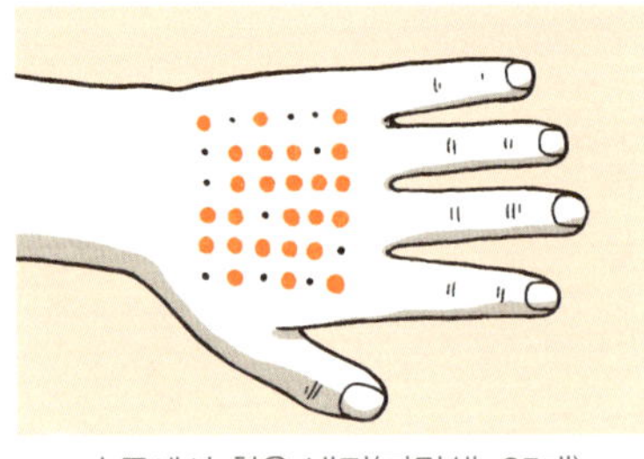
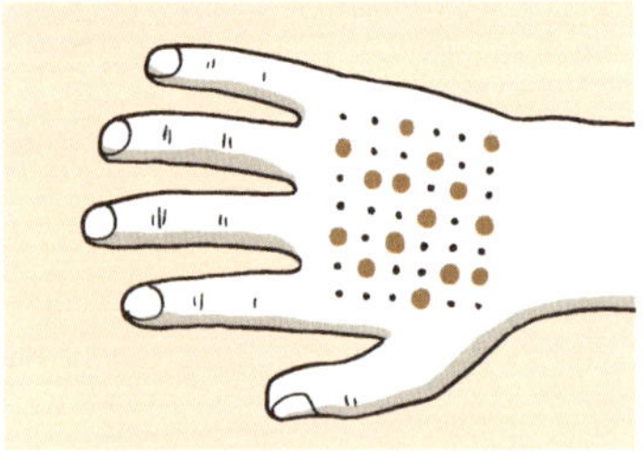

손등에서 찾은 냉점(파란색, 25개)　　　손등에서 찾은 온점(빨간색, 15개)

을 찍어 주세요.

자, 이 학생의 손등을 보니 무엇을 알 수 있나요?

__ 냉점이 온점보다 더 많아요.

맞습니다. 이 실험을 통해 냉점이 온점보다 더 많다는 것을 알 수 있어요. 아마도 우리 몸은 더위보다 추위를 더 잘 느낀다고 생각할 수 있어요. 그리고 여기서 해 보지는 않았지만 손바닥에 똑같은 실험을 해 보면 손등 부분에 감각점이 더 많다는 것을 알 수 있을 거예요.

우리 몸 전체를 볼 때 감각점이 가장 많은 순서대로 나열하면 '통점 > 압점 > 촉점 > 냉점 > 온점' 순서랍니다. 피부 $1cm^2$ 당 통점은 100~200개, 압점은 50개, 촉점은 25개, 냉점은 6~23개, 온점은 3개 정도가 있어요. 하지만 이 수치는 평균을 냈을 때이고, 몸의 부위에 따라 더 많아지기도 하고 적어지기도 합니다.

예를 들어 손가락 안쪽 지문에는 1cm^{2}당 200개의 촉점이 있어서 더 예민해요. 반대로 팔이나 다리 같은 부분에는 촉점이 훨씬 적어요. 한의원에 가면 팔이나 다리, 배 같은 곳에 침을 많이 맞는데, 맨살에 바늘처럼 날카로운 침이 잔뜩 꽂혀 있어도 큰 아픔을 느끼지 못하는 것은 이런 감각점이 별로 없는 곳에 침을 놓기 때문이랍니다.

앞에서 냉점과 온점 이야기를 했는데, 사실 아주 뜨겁거나 아주 차가운 것에 닿았을 때는 뜨거움이나 차가움을 느끼기보다는 모두 아픔으로 느낍니다. 아픔을 느끼는 곳을 통점이라고 했지요? 통각은 특별한 감각점에서 느끼는 것이 아니라 감각 신경의 말단에서 물리적 자극을 감지해서 바로 대뇌로 전달하여 느끼게 되는 것이지요.

피부 감각 중에서 통점이 가장 많은 이유는 우리 몸의 안전과 생존에 통증을 느끼는 것이 아주 중요하기 때문이에요. 뜨거운 물에 데거나 드라이아이스 등이 우리 몸에 닿았을 때 온점이나 냉점에서 온도를 느낀다면 우리 몸의 안전을 지키는 데 문제가 생길 것입니다. 이럴 때는 통점이 반응하여 '손이 매우 아프다'라는 신호를 뇌에 보내야 화상에 대한 응급 처치를 빨리 할 수 있게 되는 것이지요.

통점은 특히 손가락과 손톱 사이에 많이 있어요. 어쩌다 가

시 같은 것이 손톱 사이에 박히게 되면 그 고통은 이루 말할 수가 없지요. 바로 통점이 많이 모여 있는 곳이기 때문에 그렇답니다. 슬픈 이야기이지만, 이런 특징을 이용해 일제 강점기에 일본은 한국의 독립투사들을 심문할 때 손톱 사이에 바늘을 꽂거나 손톱을 뽑는 고문을 많이 했다고 해요.

한편 통점이 민감하게 통증을 느끼는 것은 우리가 살아가는 데 필요하기도 하지만 어쩔 때는 무딘 것이 좋을 때도 있지요. 예를 들어 수술을 할 때에는 통증을 느끼지 않아야 잘 진행할 수가 있겠지요. 이런 경우에는 마취를 통해 통증을 느끼지 못하도록 해 주는 것입니다.

동물의 피부 감각

원숭이, 고릴라, 사람 같은 영장류에게는 손바닥 피부, 특히 손가락 끝의 피부 감각이 가장 잘 발달해 있어요. 하지만 대부분의 포유류의 경우 피부 감각이 가장 발달한 부위는 얼굴에 있는 수염이에요. 고양이나 토끼, 해마, 수달은 물론 두더지, 뾰족뒤쥐 등에서 볼 수 있는 긴 수염은 그 뿌리가 신경 끝부분으로 둘러싸여 있고 더듬이 역할을 하여 수염을 통해 느끼는 피부 감각을 대뇌로 전달한답니다.

특히 고양이의 경우 수염으로 바람의 방향이나 기압의 변화를 느끼고, 직접 닿지 않아도 물체나 생물의 크기를 알 수 있지요. 그래서 고양이의 수염을 자르면 방향 감각이 떨어지거나 쥐를 잘 잡지 못하는 경우가 생긴답니다.

이런 수염은 대개 가까운 거리에서만 효력이 있고, 직접적인 접촉에 반응합니다. 하지만 물속에서 사는 바다표범 같은 동물은 수염을 통해 멀리 떨어진 동료들과 의사소통을 하는 데 사용하기도 합니다.

또 거미의 몸에 나 있는 털은 아주 미세한 자극에도 반응하는데, 이 털들은 아주 얇고 길며, 땅속으로 전달되는 진동을 잘 감지할 수 있지요. 거미줄에 걸린 곤충이 발버둥을 칠 때, 거미는 몸에 나 있는 털로 이러한 진동을 느끼고 재빨리 달려와 먹이를 잡는답니다. 곤충은 대체로 더듬이와 앞다리 끝에서 피부 감각을 느낄 수 있는데 거미는 후각, 청각, 피부 감각을 모두 이 털에서 느낄 수 있어요. 한마디로 만능 감각 기관인 셈이지요.

한편 방울뱀, 보아뱀, 살모사와 같은 몇몇 종류의 뱀은 사람 피부의 냉점과 온점처럼 온도를 감지할 수 있는 열 탐지기(피트 기관)를 가지고 있어요. 뱀의 머리 부분을 자세히 들여

다보면 콧구멍과 눈 사이에 1쌍의 구멍이 더 있어서 마치 콧구멍이 2쌍인 것처럼 보이지요. 가운데 1쌍만 진짜 콧구멍이고 그 양쪽 바깥에 있는 구멍 2개는 적외선 탐지기 역할을 하는 열 감지 기관이에요.

체온이 있는 동물을 비롯해 열을 지니고 있는 모든 물체는 적외선을 내보낸답니다. 적외선은 우리 눈에 보이지 않지만 피부에 느껴지는 따뜻한 느낌으로 탐지할 수 있어요. 이비인후과에서 목을 치료하는 적외선 치료기를 본 적이 있을 겁니다. 붉은색 빛이 나오는 것처럼 보이지만, 이것은 사람들에게 보여 주기 위해 붉은색으로 색을 입혀서 그런 것이고, 실제로 적외선은 우리 눈에 보이지 않아요. 적외선 카메라를 통해 사람을 보면 체온이 높은 부위는 붉은색으로, 낮은 부위는 푸른색으로 보입니다. 뱀은 이러한 열 감지 기관을 통해 먹잇감이 내뿜고 있는 적외선(열)을 감지하여 마치 적외선 카메라로 보는 것처럼 형태를 그려 냅니다. 성능도 매우 뛰어나서 15cm 아래 땅굴에 숨어 있는 쥐의 0.003℃의 체열 차까지도 구별할 수 있다고 하네요.

이처럼 동물들은 때로는 인간과 비슷하고, 때로는 인간과는 전혀 다른 감각 기관들이 있어 다양한 감각을 느끼며 살아가고 있답니다.

 베버가 들려주는 자극과 반응 이야기

자, 오늘 배운 내용을 정리해 볼까요?

- 피부에는 통점, 촉점, 압점, 냉점, 온점이 있어 아픔, 접촉, 온도 등을 느낄 수 있다.
- 감각점은 몸의 부위에 따라, 사람에 따라 분포하는 수가 다르다.
- 동물은 수염, 더듬이 같은 곳에서 피부 감각을 느끼는데, 다른 감각을 함께 느끼는 경우도 있다.

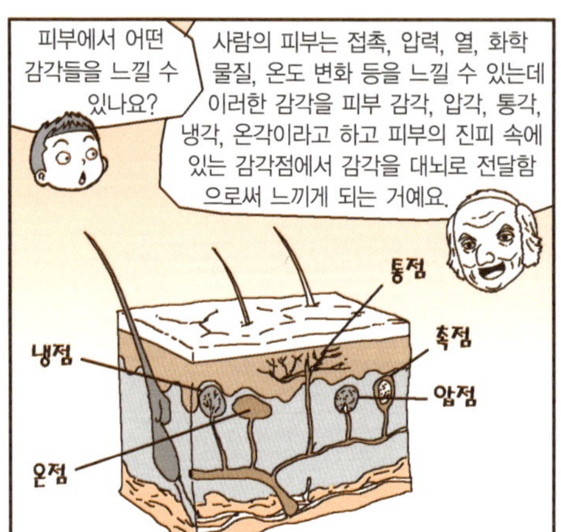

감각점	통점 >	압점 >	촉점 >	냉점 >	온점
피부 1cm²당 감각점 분포 평균 개수	100~200개	50개	25개	6~23개	3개

감각 기관에서 받아들인 자극은 어떻게 전달될까요?

우리 몸에서 자극이 전달되는 과정 및 신경계의 기본 단위인 뉴런에 대해 알아봅시다.

6

여섯 번째 수업

감각 기관에서 받아들인 자극은 어떻게 전달될까요?

베버는 손에 만 원짜리 지폐 한 장을 들고 와서 여섯 번째 수업을 시작했다.

그동안 수업을 잘 들은 여러분에게 한 가지 선물을 하려고 해요. 여기 보이는 만 원짜리 지폐를 잡으면 그 학생에게 이 돈을 주겠어요. 일단 돈이 잘 떨어질 수 있도록 반으로 접었다 폈습니다. 지폐의 한쪽 끝을 내가 잡고 있고, 여러분은 엄지와 검지를 벌려 이 지폐를 잡을 준비를 하세요. 그리고 내가 지폐를 놓는 순간 잡으면 됩니다.

베버의 설명을 들은 학생들은 환호성을 지르며 기뻐했다. 하지만 잠시 후 떨어지는 돈을 아무도 잡지 못하자 이내 모두 실망한 표정

으로 자리에 앉았다.

아무도 성공하지 못했군요. 왜 그럴까요?

__ 잘 모르겠어요. 분명히 잡을 수 있을 것 같았는데 계속 놓쳤어요.

여러분이 지폐가 떨어지는 것을 보고 잡는 행동은 어떻게 일어난 것일까요? 먼저 눈으로 돈이 떨어지는 것을 보고, 이 정보를 뇌에 전달하겠지요. 뇌에서는 '빨리 돈을 잡아라' 하고 손에 명령을 내려요. 자극에 대한 반응이 일어나기 위해서는 우리 몸의 신경이 정보를 전해 주기 때문이에요. 그런데 신경이 자극을 전달하는 데에는 약간의 시간이 걸리기 때문에, 눈으로 보면서 돈을 잡는 것이 불가능한 거예요.

축구 경기의 페널티 킥이나 승부차기 같은 상황에서 골키퍼가 날아오는 공을 잡지 못하는 것을 보면서 '왜 눈으로 뻔히 보면서도 잡지 못할까?' 하고 답답해한 적이 있을 겁니다. 방금 이야기했듯이 눈으로 보고 공을 잡을 수는 없어요. 골키퍼가 날아오는 공을 잡기 위해서는 공의 방향을 미리 예측해 그쪽으로 몸을 날리는 수밖에 없답니다.

따라서 지폐를 잡기 위해서는 지폐가 떨어지는 순간에 손을 움직일 것이 아니라, 돈을 떨어뜨릴 순간을 예상해 잡을 수밖에 없어요.

그럼 우리 몸의 신경계에 대해 좀 더 자세히 알아볼까요?

신경계를 이루는 뉴런의 발견

고대 그리스의 의사였던 에라시스트라토스(Erasistratos, B.C. 310?~B.C. 250?)는 신경의 모양에 대해 속이 텅 빈 관으로 이루어져 있고, 그 관을 통해 신경 정령이 메시지를 뇌로 전달한다고 생각했어요. 오늘날에는 황당한 이야기로 들리

지만, 이를 통해 옛날 사람들도 신경의 존재와 하는 일에 대해 알고 있었다는 것을 알게 되었어요. 수백 년이 지나는 동안 우리 몸의 구조는 해부학자들에 의해 조금씩 밝혀져 왔어요. 그러나 신경계는 우리 몸의 다른 기관들과는 달리 너무 복잡하고 구조가 독특해서 기존의 연구 방법으로는 알아내기가 힘들었어요.

신경계의 구조를 알아낸 사람은 이탈리아의 신경학자 골지(Camillo Golgi, 1843?~1926)랍니다. 골지는 파비아 의과 대학을 졸업한 후 학교에서 연구를 계속하고 싶었지만, 경제적인 어려움 때문에 의사가 되었어요. 그래도 연구에 대한 열정을 포기할 수 없어서 병원의 작은 방을 연구실로 만들었어요. 그는 특히 뇌를 이루는 세포의 구조에 관심이 많았는데, 낮에는 환자를 돌보고 밤과 주말에는 신경 세포를 관찰하기 위한 새로운 염색법 개발에 몰두했답니다.

골지는 1년 동안 끊임없이 노력한 끝에 새로운 염색법을 개발하여 뇌를 이루는 뉴런(신경 세포, 1881년에 과학자들에 의해 뇌를 이루는 세포에 '뉴런'이라는 이름이 붙여졌다. 뉴런의 어원은 그리스 어로 힘줄이나 밧줄을 가리키는 말인데, 뉴런의 구조가 이와 비슷하기 때문에 붙여짐)을 관찰하는 데 성공했어요. 현재도 이 세포 염색법이 사용되고 있는데, 발견자인 골지의 업적을 기려 '골지 염색법'이라고 부른답니다. 그 이후 세포 소기관인 골지체(이것 역시 그의 이름을 따서 붙임)와 다른 세포들을 관찰하는 데 성공하면서 유명해졌지요.

한편 골지 이외에 뉴런의 구조를 밝혀내는 데 중요한 역할을 한 사람이 있어요. 바로 스페인의 생물학자 라몬이카할(Santiago Ramón y Cajal, 1852~1934)이지요. 그가 뉴런을 연구하게 된 계기가 재미있답니다. 35세였을 때 라몬이카할은 우연히 골지가 만든 신경 조직 표본을 보게 되었어요. 잉크로 세포 하나하나를 그린 것처럼 섬세한 미술 작품 같은 표본을 보고 감명을 받아 신경학 연구로 전공을 바꾸었어요. 사실 라몬이카할은 어릴 때부터 그림 그리기를 좋아해서 화가가 되기를 원했답니다. 그런데 그의 아버지는 라몬이카할이 자기 뒤를 이어 의사가 되기를 바라서 의대에 가도록 강요했던 거예요.

원치 않은 의대를 가게 된 라몬이카할은 자신의 그림 재능을 살린 연구를 하게 되었지요. 자신이 관찰한 여러 세포의 모습을 마치 실물처럼 그릴 수 있었거든요. 후에 그는 자신의 그림이 실린 해부학 책을 펴내기도 했다니 참 재능이 많은 사람이지요? 라몬이카할은 골지의 세포 염색법을 개선하여 뉴런의 구조를 더 자세히 관찰할 수 있도록 했고 뇌, 눈의 시

뉴런설과 망상설

골지와 라몬이카할은 뉴런의 구조를 밝혀낸 공로로 노벨상을 받았지만, 뉴런이 연결되어 있는 방식에 대한 두 사람의 견해는 전혀 달랐다. 두 과학자는 노벨상 시상식에서 강연을 하게 되었는데, 골지는 "수많은 뉴런이 서로 연결돼 네트워크를 이루고 있다"고 주장했다. 그에 비해 라몬이카할은 "각각의 세포는 서로 직접 연결되어 있지 않고 가까운 곳에 떨어져 있다"고 주장했다. 골지의 견해를 '망상설', 라몬이카할의 견해를 '뉴런설'이라고 한다. 1906년 당시에는 기술의 한계로 인해 '망상설'과 '뉴런설' 가운데 어느 것이 옳은지 밝혀지지 않았다. 두 사람은 죽을 때까지 자신의 주장을 굽히지 않았는데, 결국 1932년 전자 현미경이 발명된 이후에 라몬이카할의 이론이 옳은 것으로 밝혀졌다.

각 신경, 배아의 척수 등 다양한 신경 조직의 구조를 밝혀냈어요.

골지와 라몬이카할은 새로운 염색법을 개발해 뉴런의 구조를 자세히 밝힌 공로로 1906년 노벨 생리 의학상을 수상했답니다. 이들의 업적이 특히 중요한 이유는 '우리 몸의 모든 부분이 세포로 이루어져 있다'는 것을 증명했기 때문이에요.

아마 여러분은 생물의 몸은 세포로 이루어져 있다는 것을 알고 있을 것입니다. 그런데 당시 과학자들은 신경계의 세포들만은 예외라고 생각했어요. 왜냐하면 기존의 염색법으로 관찰한 신경 조직은 실이 복잡하게 얽혀 있는 형태로밖에 볼 수 없어 하나의 세포를 발견할 수 없었기 때문이지요. 하지만 골지와 라몬이카할의 염색법으로 신경계를 이루는 뉴런의 구조를 알게 되어, 신경계도 하나의 세포가 수없이 많이 모여 이루어졌다는 것을 알게 되었지요.

뉴런의 생김새와 하는 일

신경계는 감각 기관에서 받아들인 자극을 뇌나 척수에 전달하고 그에 알맞은 명령을 각 운동 기관에 내려 몸의 여러 가지 기능을 조절하는 기관입니다. 가령 날씨가 추워지면 피부에 있는 냉점이 자극을 받아 뇌에 상황을 전달하고, 뇌는 추위를 피하기 위해 몸을 부르르 떨게 하거나, 운동을 하는 등의 활동을 하도록 명령을 내리지요. 이러한 일련의 과정이 신속하고 일사불란하게 일어나도록 하는 것이 바로 신경계랍니다. 신경계는 수많은 신경 세포로 이루어져 있고, 그 기본 단위는 뉴런입니다.

모든 생물은 세포로 이루어져 있는데, 세포가 하는 일과 몸의 어느 부분을 이루는지에 따라 크기와 모양이 다르답니다.

뉴런은 여러 종류의 세포들 가운데서 가장 특이한 형태를 띠지요. 뉴런도 다른 세포가 가지고 있는 기관들을 모두 가지고 있어요. 하지만 둥글둥글한 다른 세포들과는 달리 뉴런은 삐죽삐죽한 돌기가 달려 있답니다.

사람의 몸에는 약 1,400억 개의 신경 세포가 있고 길이도 다양한데, 우리 몸에서 가장 긴 신경은 약 1m나 된다고 해요. 신경의 굵기는 동물의 종류에 따라 다 달라요. 대왕오징어의 신경은 지름이 2cm나 되는 반면, 사람의 신경은 이것의 약 1,000분의 1에 불과합니다. 즉, 신경 세포 중에는 우리 눈으로 볼 수 있는 것도 있다는 말입니다.

그럼, 지금부터 뉴런의 모양을 자세히 살펴볼까요? 다음 페이지의 그림을 보면, 뉴런은 크게 신경 세포체, 가지돌기, 축삭돌기로 이루어져 있어요. 가지돌기와 축삭돌기는 다른 세포에는 없는 뉴런 특유의 것인데, 뉴런은 그들을 통해 신호를 주고받은 다음 다른 뉴런에 전달하지요.

뉴런의 신경 세포체에는 핵과 미토콘드리아, 골지체 등 여러 세포 소기관이 들어 있으며, 주로 뉴런의 생장과 물질 대사에 참여한답니다.

가지돌기는 신경 세포체의 주변에 나뭇가지처럼 뾰족뾰족 돋아 있는 여러 개의 짧은 돌기로, 감각 세포나 다른 뉴런으

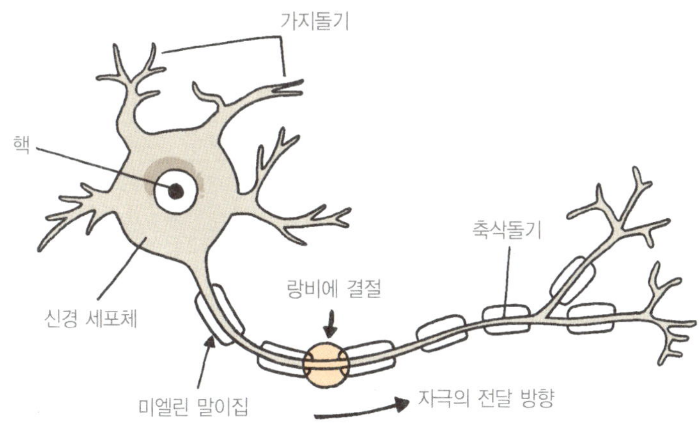

뉴런의 구조

로부터 오는 자극을 받아들이는 역할을 하지요. 축삭돌기는 신경 세포체에서 길게 뻗어 나와 있는 한 개의 긴 돌기입니다.

축삭돌기는 우리 몸에서 받아들인 자극을 다음 뉴런에 전달해 주는 역할을 하지요. 자극이 전해지는 속도는 1초에 100m 정도로 매우 빠르답니다. 그리고 축삭돌기의 끝은 가는 신경 말단으로 갈라져서 다른 뉴런 가까이에 붙어 있으며, 가지돌기에서 받아들인 자극을 다른 뉴런에 전달해 줍니다.

축삭돌기의 단면을 살펴볼까요? 축삭돌기의 둘레를 1개의 세포가 여러 겹으로 감싼 말이집이라는 막이 둘러싸고 있지요. 말이집은 왜 축삭돌기를 둘러싸고 있는 걸까요? 우리 몸

에서 뉴런이 전달하는 정보는 전기 신호예요. 그런데 말이집은 전기가 통하지 않는 성질이 있어요. 축삭돌기가 전선이라면 말이집은 전선을 둘러싸고 있는 고무 역할을 하는 셈이지요.

축삭돌기와 전깃줄의 다른 점은 무엇일까요? 전깃줄을 통해 전해지는 신호는 전기 저항에 의해 점차 약해지지만, 축삭돌기에서는 신호가 약해지지 않고 다음 뉴런에 계속 전해진답니다. 또 전깃줄은 전선의 모든 부분을 감싸고 있지만, 말이집은 축삭돌기 전체를 감싸는 것이 아니라 몇 개의 마디로 나누어져 있어요.

마디와 마디 사이에는 잘록한 곳이 있는데, 거기에서는 축삭돌기가 밖으로 드러나 있어요. 이 부분을 랑비에 결절이라 하지요. 축삭돌기의 모습이 상상이 잘 되지 않는다면 여러분이 좋아하는 비엔나소시지가 줄줄이 연결되어 있는 모습을 생각하면 이해가 쉬울 거예요. 나란히 연결된 비엔나소시지를 축삭돌기라고 생각하면, 비엔나소시지 한 개는 말이집에 해당하고 비엔나소시지와 다른 비엔나소시지가 붙어 있는 좁은 부분은 겉으로 드러나 있는 축삭돌기인 랑비에 결절로 생각할 수 있겠지요.

뉴런은 축삭돌기의 생김새에 따라 다시 말이집 신경과 민말이집 신경으로 나눌 수 있어요. 말이집 신경은 뉴런의 축삭돌기가 말이집에 의해 싸여 있는 신경으로, 민말이집 신경에 비해 전기 신호의 이동 속도가 빠릅니다. 말이집 신경의 전기 신호는 절연체에 의해 덮이지 않은 잘록한 부분인 랑비에 결절 부분을 건너뛰면서 전달되거든요. 그래서 말이집 신경은 민말이집 신경에 비해 신호 전달 속도가 빠른 것이랍니다.

예를 들어 통증이나 냄새를 전달하는 신경은 민말이집 신경인데, 그들 신호 전달 속도는 초속 0.5~2m 정도지요. 반면에 말이집 신경인 운동 신경의 신호 전달 속도는 최대 초속 100m 정도가 됩니다.

척추동물의 신경은 대부분 말이집 신경이에요. 민말이집 신경은 뉴런의 축삭돌기에 말이집이 없는 신경으로, 흥분의 전도 속도가 느리답니다. 척추동물의 교감 신경이나 무척추동물의 신경은 민말이집 신경이지요.

뉴런과 뉴런은 어떻게 연결되어 있을까요?

뉴런은 가지돌기에서 자극을 받아들여 축삭돌기의 말단에서 다른 뉴런으로 자극을 전달해 줍니다. 그렇다면 한 뉴런의 축삭돌기 끝 부분과 다음 뉴런의 가지돌기나 신경 세포체

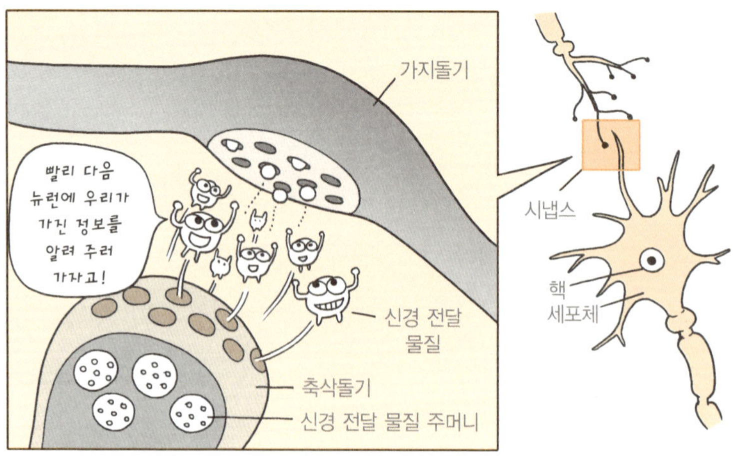

시냅스의 구조

가 만나는 부분이 있어야 하겠지요? 이 부분을 시냅스라고 해요. 시냅스는 그리스 어로 '접합'을 뜻하는 말로 대뇌의 뉴런에는 평균 약 10,000개의 시냅스가 있어요.

사실 축삭돌기와 다음 뉴런의 가지돌기는 서로 직접 만나지는 않는답니다. 전자 현미경으로 자세히 관찰하면 뉴런과 뉴런 사이에는 미세한 틈이 있는데 그 거리는 $\frac{1}{50}\mu m(1\mu m=\frac{1}{1,000,000}m)$ 정도이지요.

그림을 보면 시냅스를 이루는 축삭돌기의 끝 부분이 약간 부풀어 있는 것을 알 수 있어요. 이 부분을 신경 말단이라고 합니다. 신경 말단에는 작은 주머니가 많이 있는데 이 주머

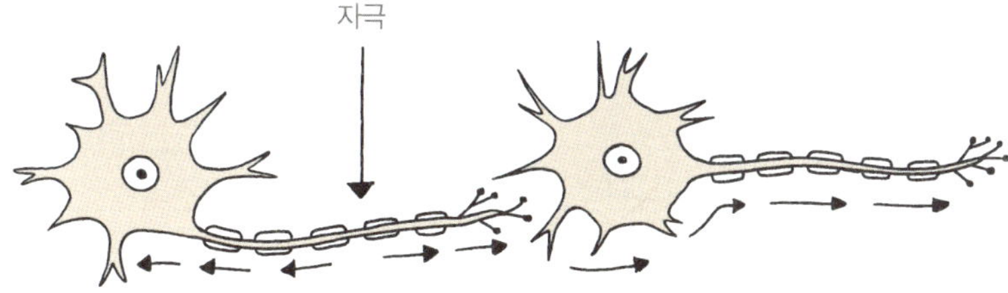

뉴런의 자극 전달 방향

니 속에는 신경 전달 물질이 들어 있어요. 앞의 뉴런에서 받아들인 자극이 축삭돌기의 끝 부분에 도달하면 주머니가 터지면서 그 속에 들어 있던 신경 전달 물질이 시냅스 틈으로 분비되지요. 분비된 신경 전달 물질은 다음 뉴런의 가지돌기에 자극을 전해 줍니다.

우리 몸의 자극은 어떤 방향으로 전해질까요? 일단 축삭돌기의 중간에서 일어난 자극은 뉴런의 양 끝 방향으로 모두 전해져요.

하지만 자극이 다음 뉴런으로 전달되는 과정은 다르답니다. 신경 전달 물질은 항상 다음 뉴런의 가지돌기에만 전달될 수 있어요. 반대로 신경 세포체에서 다른 뉴런으로는 흥분이 전달될 수 없답니다.

지금까지 뉴런의 기본적인 구조에 대해서 알아봤어요. 그런데 모든 뉴런이 똑같은 일을 하는 것은 아니랍니다. 뉴런은 기능에 따라서 감각 뉴런, 연합 뉴런, 운동 뉴런으로 나눌 수 있는데 각각의 뉴런들의 축삭돌기 모양이 조금씩 다르답니다.

감각 뉴런은 감각 수용기에서 중추 신경으로 흥분을 전달하지요. 자극이 들어왔다는 사실을 보고해서 알려 주는 것입

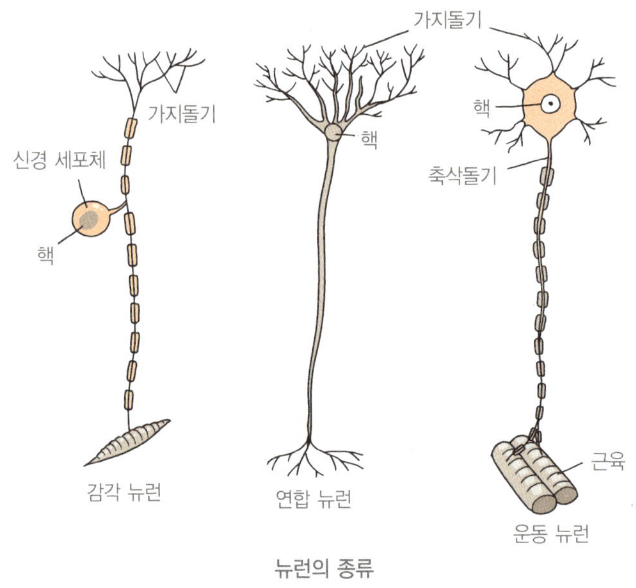

뉴런의 종류

니다. 감각 뉴런의 신경 세포체는 축삭돌기 옆에 혹처럼 붙어 있으며 양옆으로 2개의 축삭돌기가 나와 있어요.

연합 뉴런은 가지돌기가 마치 나뭇가지처럼 무성하게 뻗어 있어요. 뇌, 척수와 같은 중추 신경을 직접 구성하고 있으며, 감각 뉴런과 운동 뉴런 사이에서 흥분을 중계하는 역할을 하지요. 즉, 감각 뉴런이 전해 온 자극을 해석해서 적합한 반응을 지시하는 역할을 하는 것입니다.

마지막으로 운동 뉴런은 앞의 그림에서 살펴본 구조와 같이 생겼으며, 중추 신경으로부터 받은 흥분을 근육과 같은 반응기로 전달하는 역할을 합니다. 최종적으로 반응기에서

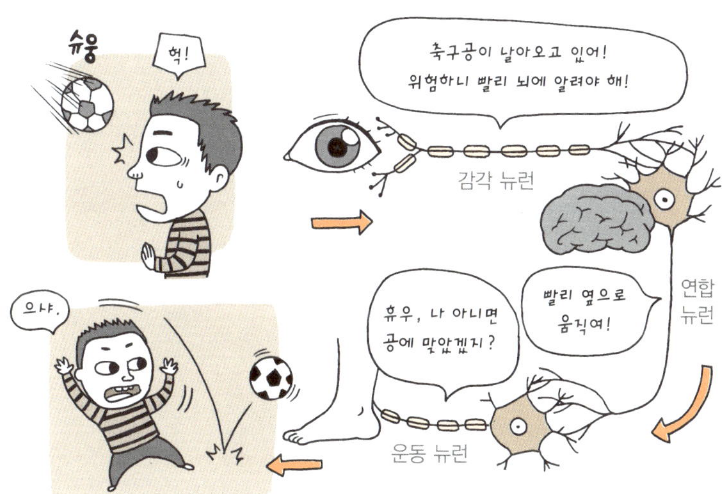

자극에 적합한 반응을 나타내도록 하는 것입니다.

감각 뉴런이 많이 모여 감각 신경이, 연합 뉴런이 많이 모여 연합 신경이, 운동 뉴런이 많이 모여 운동 신경을 이루게 되지요. 자극은 감각 뉴런, 연합 뉴런, 운동 뉴런의 순으로 전해집니다.

예를 들어 축구공이 내 앞으로 날아오는 경우에는 눈으로 공이 날아오는 것을 보고, 감각 신경이 뇌에 정보를 전해 줍니다. 뇌를 이루는 연합 신경은 우리 몸의 안전을 위해 옆으로 피하라는 명령을 다리에 전달하지요. 이 정보는 운동 신경이 다리에 전달해 옆으로 피함으로써 공에 맞을 위험을 피할 수 있게 된답니다.

자, 오늘 배운 내용을 정리해 볼까요?

- 뉴런은 신경계를 이루는 기본 구조로 신경 세포체, 가지돌기, 축삭돌기로 이루어져 있다.
- 뉴런에서 자극이 전달되는 속도는 말이집 신경이 민말이집 신경보다 빠르다.
- 뉴런과 뉴런 사이에는 아주 좁은 틈이 있는데 이를 시냅스라고 한다.

• 뉴런은 하는 일에 따라 감각 뉴런, 운동 뉴런, 연합 뉴런으로 구
  분된다.

왜 이렇게 안 되지? 불빛이 원 안에 들어올 때 버튼을 눌러야 하는데 자꾸 늦어지네.
그건 신경이 자극을 전달하는 데 약간의 시간이 걸리기 때문에 눈으로 보고 행동으로 옮기면 이미 늦은 것이랍니다.

흔히 '신경 쓰인다'라고 말할 때 신경을 말씀하시는 건가요?
네. 신경계는 수많은 신경 세포로 이루어져 있는데, 그 기본 단위는 뉴런이에요. 이 뉴런의 구조는 이탈리아의 신경학자인 골지와 스페인의 생물학자인 라몬이카할이 새로운 세포 염색법을 고안해서 밝혀지게 되었어요.
이번 염색법도 실패야. 낮에도 연구를 할 수 있으면 얼마나 좋을까?
내 미술 실력 덕분에 뉴런의 생김새를 정확하게 표현할 수 있어.
골지
라몬이카할

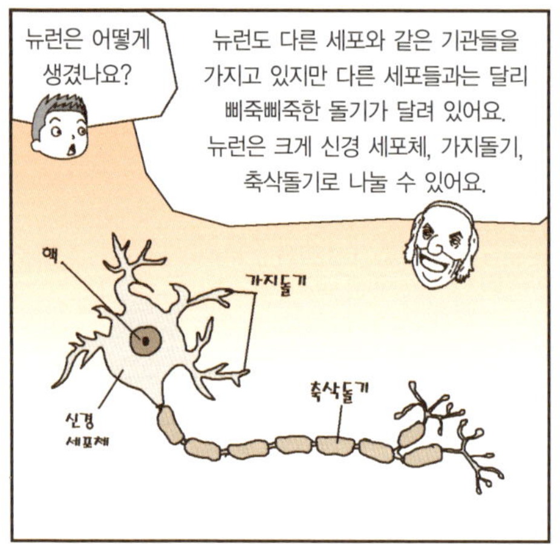
뉴런은 어떻게 생겼나요?
뉴런도 다른 세포와 같은 기관들을 가지고 있지만 다른 세포들과는 달리 삐죽삐죽한 돌기가 달려 있어요. 뉴런은 크게 신경 세포체, 가지돌기, 축삭돌기로 나눌 수 있어요.
핵
가지돌기
축삭돌기
신경 세포체

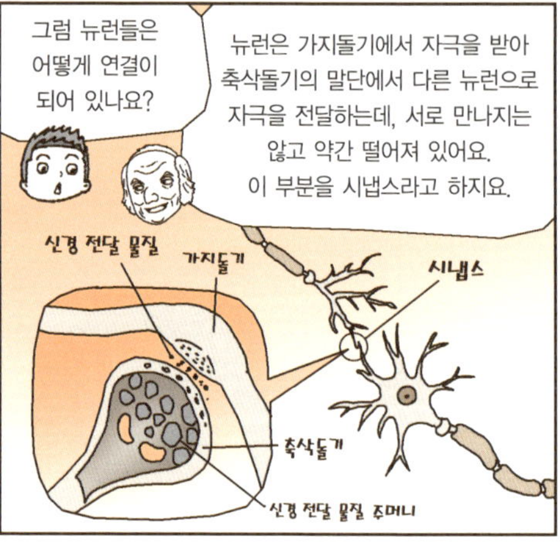
그럼 뉴런들은 어떻게 연결이 되어 있나요?
뉴런은 가지돌기에서 자극을 받아 축삭돌기의 말단에서 다른 뉴런으로 자극을 전달하는데, 서로 만나지는 않고 약간 떨어져 있어요. 이 부분을 시냅스라고 하지요.
신경 전달 물질
가지돌기
시냅스
축삭돌기
신경 전달 물질 주머니

떨어져 있는데 어떻게 자극을 전달하지요?
앞의 뉴런에서 받아들인 자극이 신경 말단에 전달되면 작은 주머니 속의 신경 전달 물질이 시냅스 틈으로 분비되지요. 분비된 신경 전달 물질은 다음 뉴런의 가지돌기에 자극을 주어 자극이 전달되는 거예요.
자극
자극 전달 방향

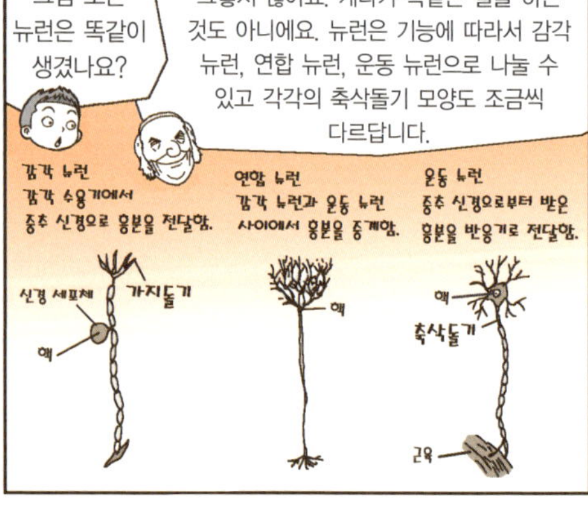
그럼 모든 뉴런은 똑같이 생겼나요?
그렇지 않아요. 게다가 똑같은 일을 하는 것도 아니에요. 뉴런은 기능에 따라서 감각 뉴런, 연합 뉴런, 운동 뉴런으로 나눌 수 있고 각각의 축삭돌기 모양도 조금씩 다르답니다.
감각 뉴런
감각 수용기에서 중추 신경으로 흥분을 전달함.
연합 뉴런
감각 뉴런과 운동 뉴런 사이에서 흥분을 중계함.
운동 뉴런
중추 신경으로부터 받은 흥분을 반응기로 전달함.
신경 세포체
가지돌기
핵
축삭돌기
근육

7

신경계의 종류와 하는 일을 알아볼까요?

중추 신경계와 말초 신경계의 종류와 하는 일, 공통점과 차이점에 대해 알아봅시다.
또 의식적인 운동과 무조건 반사, 조건 반사에 대해 알아봅시다.

신경계의 종류와
하는 일을 알아볼까요?

<table>
<tr><td>교.
과.
연.
계.</td><td>초등 과학 5-2
중등 과학 1
중등 과학 3
고등 생명과학 Ⅰ</td><td>1. 우리의 몸
4. 생물의 구성과 다양성
1. 자극과 반응
3. 항상성과 건강</td></tr>
</table>

베버는 움찔거리는 시늉을 하면서
일곱 번째 수업을 시작했다.

우리는 손끝이 뜨거운 물체에 닿거나 장미 가시에 찔리면 재빨리 손을 움츠리게 됩니다. 또 야구공이 눈앞으로 날아오면 순간적으로 몸을 피하게 됩니다. 이처럼 우리는 주변의 자극에 대해 적절한 반응을 하며 살아가고 있지요. 우리 몸에서 일어나는 자극과 반응은 신경계에서 일어나고 있습니다.

사람의 신경계는 중추 신경계와 말초 신경계로 나눌 수 있어요. 중추 신경계란 흔히 말하는 뇌와 척수입니다. 뇌와 척수는 명령을 내리고 판단하는 일 등을 맡고 있어요. 말초 신경계는 온몸에 퍼져 있는 감각 신경과 운동 신경으로 이루어

져 있어 외부의 정보를 중추 신경계에 전달하고, 중추 신경계로부터 명령을 받아 몸의 각 부위에 전달하는 역할을 한답니다.

이번 시간에는 신경계에 대해 자세히 알아봅시다.

뇌 연구의 역사

인류는 아주 오랜 옛날부터 뇌에 관심을 가지고 있었습니다. 고대 이집트나 그리스 사람들은 뇌가 인간의 행동을 지배한다는 것을 알고 있었으며, 두개골에 구멍을 뚫는 수술로 뇌를 치료하기도 했답니다.

또 히포크라테스(Hippocrates, B.C.460?~B.C.377?)는 자신의 책을 통해 인간이 울거나 웃는 행위는 뇌가 작용하기 때문이라고 했습니다. 하지만 본격적으로 뇌를 연구하기 시작한 것은 19세기 후반의 일이지요.

1848년 미국의 철도 현장에서 일어난 사고는 뇌의 신비를 밝히는 데 결정적 계기가 되었어요. 공사 현장에서 큰 폭발 사고가 일어나 1m 정도 되는 철 막대가 게이지라는 사람의 머리를 관통하는 끔찍한 일이 벌어졌어요. 뇌의 앞부분이 망가진 것이지요. 사람들은 이렇게 심한 사고를 당한 게이지가 곧 죽을 것으로 생각했지만, 그는 운이 좋게도 살아남았답니다. 하지만 사고를 당하기 전과 후의 게이지는 많은 점에서 달라졌어요. 그는 원래 똑똑하고 성격이 좋은 사람이었는데, 뇌를 다친 이후 변덕스럽고 폭력적인 성격을 가지게 되었어요. 사람들과도 잘 지내지 못해 여러 곳을 전전하다가 보호소에서 쓸쓸하게 죽고 말았지요.

게이지의 치료를 담당했던 의사는 게이지의 증상을 관찰하고, 뇌의 앞부분(전두엽)이 사람의 성격에 관여한다는 것을 밝혀냈어요. 게이지의 두개골은 연구를 위해 기증되어 현재까지도 하버드 대학교에 보관되어 있답니다. 이 사건을 계기로 뇌 연구가 활발해졌는데 당시에는 죄수의 뇌를 부분적으로 파괴해서 그 행동을 관찰하는 방식의 무시무시한 연구가 진행되었다고 해요.

지금 생각하면 비인도적인 연구 방법이 아닐 수 없지만, 이런 연구를 통해서 뇌의 특정 부분이 특정한 일을 담당한다는 이론이 제기되었지요.

19세기의 프랑스 외과 의사 브로카(Paul Broca, 1824~1880)는 남자와 여자의 두뇌 무게를 잰 결과 여자의 두뇌가 남자의 두뇌보다 평균적으로 200g이 가볍다는 것을 알았어요. 그래

서 남자가 여자보다 머리가 좋다고 주장했지요.

또 영국의 과학자 골턴(Francis Galton, 1822~1911)은 사람의 뇌 무게를 재는 연구를 통해 뇌가 클수록 지능이 높다는 주장을 했어요. 당시에는 이러한 내용들이 사실로 받아들여졌지만, 이것은 틀린 이야기랍니다. 이런 잘못된 이론들 때문에 남자가 여자보다 더 똑똑하다거나, 백인이 아시아인이나 흑인보다 더 우월하다는 이야기가 퍼진거랍니다.

이후 여러 과학적 연구를 통해 뇌에 관한 정확한 사실들을 알게 되었어요. 의사들은 뇌의 일부에 병이 있는 환자들을 대상으로 어떤 기능이 사라졌는지 비교하는 연구를 통해서 뇌의 각 부분이 하는 일을 밝혀냈어요.

20세기가 되어 뇌신경외과 의술이 발달하자 뇌 수술 중에 뇌의 일부를 자극해 우리 몸을 움직이는 부위를 알아내기도 하였어요. 그래서 1952년경 캐나다의 뇌신경외과 의사 펜필드(Wilder Penfield, 1891~1976)는 대뇌의 각 부분이 하는 일을 설명하는 상세한 뇌 지도를 만들었답니다. 이를 통해 뇌에서 감각을 느끼는 부분과 언어를 담당하는 부분, 움직임을 담당하는 부분 등을 구별할 수 있게 되었지요.

1981년, 좌뇌와 우뇌의 차이를 밝혀 노벨 생리 의학상을 받은 스페리(Roger Sperry, 1913~1994) 덕분에 대중에게도 뇌

의 신비가 알려졌어요. 그는 왼쪽 뇌는 언어, 계산, 사고 과정을 담당하고, 오른쪽 뇌는 공간 인지나 예술적 사고를 담당한다는 것을 알아냈어요. 또 여자는 좌우 뇌를 사용하여 말을 하지만 남자는 좌뇌만 사용하여 말을 하기 때문에, 여자는 사고를 당해 언어 기능에 문제가 생겨도 남자보다 빨리 회복한다고 해요.

중추 신경계의 종류와 하는 일

뇌는 세상에서 가장 뛰어난 컴퓨터입니다. 사람 뇌의 무게는 어른 남성의 경우 평균 1,400g, 어른 여성의 경우 평균 1,250g 정도지요. 약 1,000억 개의 뉴런으로 이루어진 인간의 뇌는 기억과 학습, 감정과 마음이라는 고도의 정신 활동을 담당하고 있답니다.

이렇게 중요한 일을 하는 뇌는 두개골 안에서 보호를 받지요. 뇌는 다시 대뇌, 소뇌, 간뇌, 중뇌, 연수로 구분됩니다. 이중에서 생명 유지와 관련된 중요한 역할을 하는 간뇌, 중뇌,

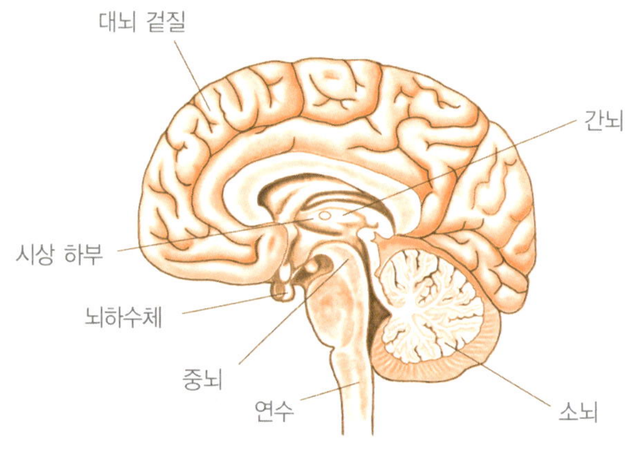

뇌의 생김새

연수를 합해 뇌줄기라고 한답니다.

뇌의 3분의 2를 차지할 정도로 큰 대뇌는 좌우 2개의 반구로 나누어져 있고, 표면에는 많은 주름이 있어서 뇌 표면을 펼쳤을 때 신문지 1장 정도의 크기가 된답니다. 대뇌의 겉부분(겉질)은 뉴런의 신경 세포체가 모여서 회백색을 띠므로 회백질이라고 하고, 속부분(속질)은 뉴런의 신경 섬유가 모여 백색을 띠므로 백색질이라고 하지요.

대뇌의 겉질은 하는 일에 따라 감각령, 운동령, 연합령으로 구분해요. 감각령은 피부, 눈, 코와 같은 감각 기관으로부터 오는 정보를 받아 감각을 전달하며, 운동령은 우리 몸의 근육을 움직이지요. 연합령은 감각령에 들어온 정보를 종합하여 분석하고 판단한 후 필요한 명령을 운동령에 전달하는 역할을 한답니다.

대뇌의 속질은 신경 세포체에서 뻗어 나온 신경 섬유들이 모여 있으며, 일부 신경 섬유는 좌반구와 우반구를 연결시켜 정보가 서로 교환될 수 있도록 해 줍니다. 좌뇌와 우뇌를 연결해 주는 다리 역할을 하는 것이지요.

대뇌는 많은 일을 담당하는데, 우리가 지금 배우는 내용을 오랜 시간이 지나도 기억할 수 있는 것도, 새로운 것을 배우는 것도, 외부의 자극을 느끼는 것도 모두 대뇌가 하는 일이

랍니다.

또 기쁨, 슬픔, 두려움, 분노 등의 다양한 감정을 느끼는 것도 대뇌가 담당하고 있어요. 따라서 사고로 대뇌를 다치게 되면 담당하는 역할에 문제가 생기는 것이지요. 앞에서 말했던 게이지의 경우처럼 성격이 바뀔 수도 있고, 드라마나 영화의 단골 소재로 나오는 기억 상실에 걸릴 수도 있어요.

소뇌는 대뇌의 뒤쪽 아래에 있는데, 대뇌처럼 2개의 반구로 나뉘어 있어요. 대뇌와 함께 운동 능력을 조절하고, 귀의 전정 기관과 반고리관으로부터 오는 정보를 가지고 몸의 균형을 유지하는 역할을 하지요.

간뇌는 시상과 시상 하부로 구분되는데, 자율 신경계를 조절하는 역할을 합니다. 체온과 혈당량 및 삼투압 조절 등 우리 몸의 생명 유지에 중요한 역할을 하지요. 또 시상 하부의 끝에는 다른 내분비샘의 기능을 조절하는 뇌하수체가 달려 있어서 호르몬을 분비하기도 해요. 호르몬에 대해서는 다음 시간에 자세히 배울 겁니다.

중뇌는 간뇌와 소뇌 사이에 있어요. 중뇌는 눈의 운동과 빛의 밝기에 따른 홍채의 운동을 조절하며, 소뇌와 함께 대뇌에서 내린 운동 명령을 척수로 전달하는 역할을 하기도 해요.

연수는 중뇌와 척수 사이에 있어요. 연수는 심장 박동과 호흡 운동 및 소화 운동을 담당하는 중추이며, 침 분비, 재채기, 하품 등을 일으키는 반사 중추로 연수에서 신경의 교차가 일어나지요. 불의의 사고로 왼쪽 뇌를 다치면 몸의 오른쪽이 마비가 되는데, 그 이유는 바로 연수에서의 신경 교차 때문이랍니다.

척수는 뇌의 한 부분은 아니지만 감각 기관에서 오는 신호를 뇌로 전해 주고, 뇌에서 신호를 받아 운동 기관으로 전달

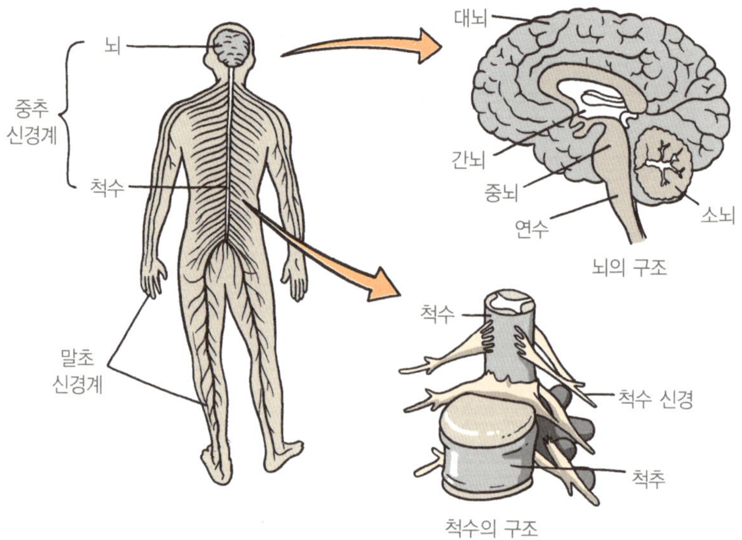

사람의 신경계

하는 기능을 합니다. 즉, '감각 기관-뇌-운동 기관'을 연결
시켜 준답니다. 척수를 가로로 자른 단면은 H자 모양을 이루
며, 대뇌와 반대로 겉부분(겉질)이 백색질이고 속부분(속질)이
회백질이지요. 백색질은 주로 신경 섬유로 이루어져 있고,
회백질은 연합 뉴런과 감각 뉴런의 신경 세포체로 구성되어
있어요.

척수에서는 좌우로 31쌍의 신경이 나오는데, 앞쪽으로는
운동 신경 다발이 있고, 뒤쪽으로는 감각 신경 다발이 있어

 베버가 들려주는 자극과 반응 이야기

요. 가끔 척수와 척추를 혼동하는 경우가 있는데, 척추란 쉽게 말해서 등에 만져지는 뼈이고 척수는 척추 안에 들어 있는 신경을 말합니다.

베버가 한참 수업을 하고 있는데 창문 밖에서 어떤 물체가 날아왔다. 순간 학생들은 비명을 지르며 눈을 감았다.

창문을 열어 두었더니 벌 한 마리가 들어왔네요. 너무 놀라지 마세요. 방금 여러분은 날아오는 물체가 무엇인지도 모른 채 순간적으로 눈을 감았어요. 여러분의 이런 행동도 자극에 대한 반응인데, 지난 시간에 떨어지는 돈을 잡으려는 행동과는 큰 차이점이 있답니다. 무엇일까요?

__ 음, 지난번에는 돈이 떨어지는 것을 보고 손을 내밀었는데, 이번에는 뭔지 제대로 보지 못하고 눈을 감았어요.

네. 맞아요. 떨어지는 돈을 잡으려는 행동을 자세히 살펴보면, 떨어지는 돈을 눈으로 보고 그 정보를 시각 신경(감각 신경)을 통해 대뇌에 전달했어요. 대뇌(연합 신경)는 이 상황을 판단한 다음, 운동 신경을 통해 손의 근육을 움직여서 돈을 잡는 반응이 나타나게 했어요.

이처럼 대부분의 반응은 대뇌가 관여하고 있지만, 대뇌의

판단 없이 자신도 모르게 일어나는 반응도 있답니다. 방금 눈앞으로 날아온 벌을 보고 저절로 눈을 감은 행동은 대뇌와 관계없이 무의식적으로 일어나는 반응이에요. 이런 반응을 반사 또는 무조건 반사라고 하지요. 이런 반사 작용은 자극이 뇌에 이르기 전에 척수에서 일어나는 반사 행동입니다.

그렇다면 여러분이 알고 있는 무조건 반사에는 어떤 것이 있을까요?

＿ 뜨거운 그릇에 손이 닿았을 때 재빨리 손을 움츠려요.

＿ 뾰족한 것을 밟았을 때 저절로 발을 떼요.

네, 예를 잘 찾았네요. 여러분이 든 예에서 알 수 있듯이 대

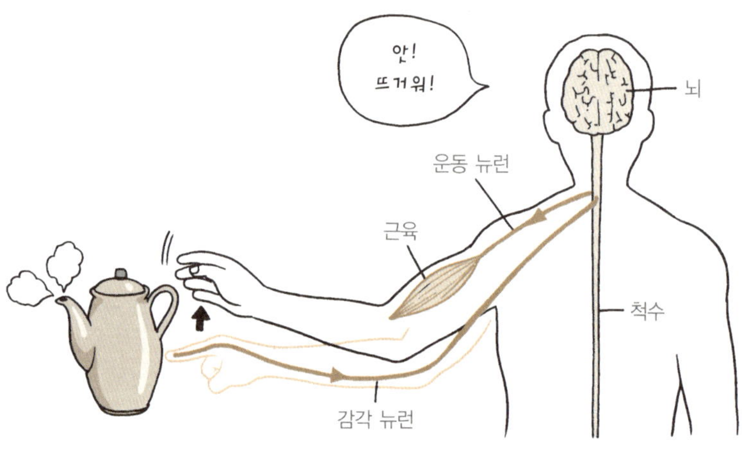

척수 반사

부분의 반사 행동은 매우 빨리 일어나기 때문에 갑자기 당하는 위험으로부터 우리 몸을 보호해 줍니다. 그 밖에 어두운 곳에 들어갔을 때 동공의 크기를 조절하는 동공 반사나 음식을 보았을 때 침을 분비하는 침 반사 등도 무조건 반사랍니다. 무조건 반사는 척수나 연수가 담당하지요.

　무조건 반사와는 달리 과거의 경험이 조건이 되어 나타나는 무의식적 반응인 조건 반사도 있어요. 이는 대뇌가 관여합니다. 예를 들어 레몬을 먹어 보고 그 맛이 매우 시다는 것을 기억하는 사람은, 나중에 레몬을 보기만 해도 저절로 침이 분비되지요. 만일 레몬을 한 번도 보지 못하고 먹어 보지도 못한 사람이 있다면 입에서 침이 분비되지 않을 거예요. '자라 보고 놀란 가슴 솥뚜껑 보고 놀란다' 라는 속담이 있지요? 이 말은 조건 반사를 설명하는 과학적 예랍니다.

말초 신경계의 종류와 하는 일

　말초 신경계는 중추 신경으로부터 뻗어 나와 머리끝부터 발끝까지 퍼져 있는 신경으로 손톱이나 머리카락 등은 빼고 감각이 있는 모든 부분에 퍼져 있다고 생각하면 됩니다.

　그런데 말초 신경계는 대뇌와의 관계에 따라 체성 신경계
와 자율 신경계로 나눌 수 있어요. 체성 신경계는 대뇌의 지
배를 받고, 자율 신경계는 대뇌의 지배를 받지 않습니다.

　체성 신경계는 우리의 각 감각 기관에서 느낀 감각을 척수
와 뇌로 전달하는 감각 신경과 뇌와 척수의 명령을 각 운동
기관에 전달하는 운동 신경으로 이루어져 있어요. 체성 신경
계는 뇌에서 뻗어 나와 주로 얼굴에 분포한 12쌍의 뇌 신경
과, 척수에서 뻗어 나와 온몸에 퍼져 있는 31쌍의 척수 신경
으로 이루어져 있지요. 체성 신경계를 통한 반응은 대뇌의
지배를 받기 때문에 우리의 의지에 따라 조절이 가능합니다.
우리가 얼굴 근육을 움직여 웃거나 울 수 있고, 물건을 잡기
위해 손을 뻗거나 다리를 움직이는 행동들이 체성 신경계가
담당하는 일이지요.

　이에 비해 자율 신경계는 대뇌의 지배를 받지 않아 우리의
의지와는 상관없이 조절됩니다. 말 그대로 자율적으로 움직
이는 신경계인 셈이지요. 예를 들면 심장이 뛰는 것이라든가
먹은 음식물을 소화시키는 일 등은 우리가 의식적으로 잠시
심장을 멈추게 하거나, 음식물이 소화되지 못하도록 할 수는
없지요. 자율 신경계는 운동 신경만으로 구성되어 있는데 그
끝이 내장이나 혈관에 분포되어 있어서 주로 소화, 심장 박

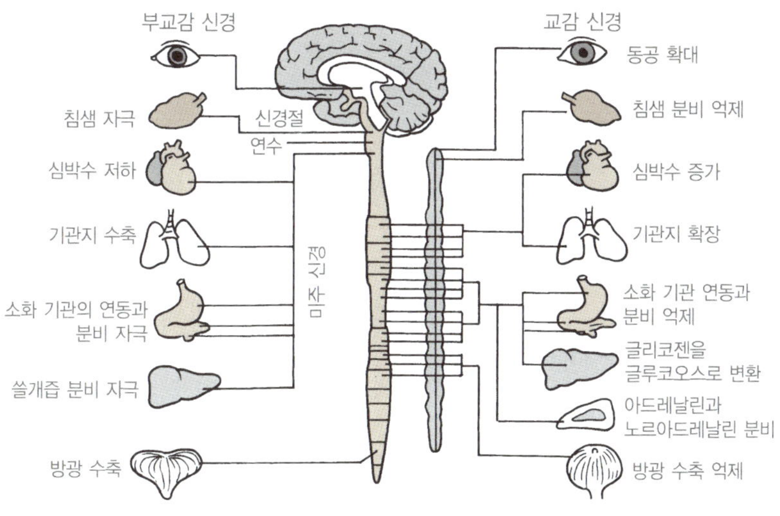

자율 신경계

동, 호흡 운동, 호르몬 분비 등 생명 유지에 필수적인 기능들을 담당하고 있답니다.

자율 신경계는 서로 반대의 기능을 가지고 있는 교감 신경과 부교감 신경으로 이루어져 있어요. 교감 신경은 공포가 조성된 상황에 맞닥뜨렸을 때 우리 몸을 상황에 대처하기 알맞은 상태로 만들어 주며, 부교감 신경은 이를 원래의 편안하고 안정된 상태로 만들어 주는 쪽으로 작용하지요. 예를 들어 부모님 몰래 오락을 하다가 문이 열리는 소리가 들리면 교감 신경이 작용해 입 안이 바짝바짝 마르고 심장은 터질 듯

이 쿵쾅대고, 눈동자가 커지고 혈압이 올라갑니다. 시간이 지난 후 놀랐던 마음이 사라지면 부교감 신경이 그 반대의 작용을 하여 몸을 원래의 상태로 돌아오게 한답니다.

자, 오늘 배운 내용을 정리해 볼까요?

- 사람의 신경계는 중추 신경계(뇌, 척수)와 말초 신경계로 구분된다.
- 자극에 대한 무의식적 반응을 반사라고 하는데, 대뇌가 관여하는 조건 반사와 척수나 연수가 관여하는 무조건 반사로 나뉜다.
- 자율 신경은 대뇌의 영향을 받지 않고 우리 몸의 기능을 조절하는 신경계로, 교감 신경과 부교감 신경으로 이루어져 있다.

박사님, 왜 무서운 장면을 보면 입 안이 마르고, 심장은 터질 듯이 쿵쾅대고, 눈동자가 커지면서 혈압이 올라갈까요?
그건 자율 신경계의 작용 때문이에요.

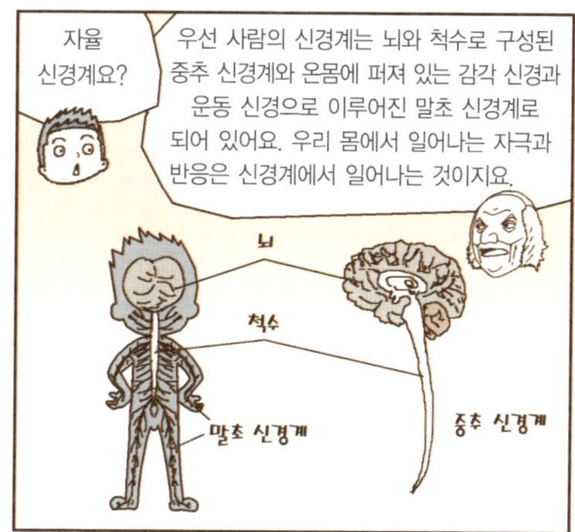

자율 신경계요?
우선 사람의 신경계는 뇌와 척수로 구성된 중추 신경계와 온몸에 퍼져 있는 감각 신경과 운동 신경으로 이루어진 말초 신경계로 되어 있어요. 우리 몸에서 일어나는 자극과 반응은 신경계에서 일어나는 것이지요.
뇌
척수
말초 신경계
중추 신경계

신경계에서 자극과 반응이 어떻게 일어나는데요?
대개의 자극이 주어지면 감각 신경을 통해 대뇌에 전달하고, 대뇌는 이 상황을 판단해 운동 신경에 어떤 행동을 취할 것인지를 명령을 내려 반응이 이루어지는 거예요.
뇌
척수
근육
눈 ➡ 감각 신경 ➡ 뇌 ➡ 척수 ➡ 운동 신경 ➡ 근육
앗, 천 원이다!

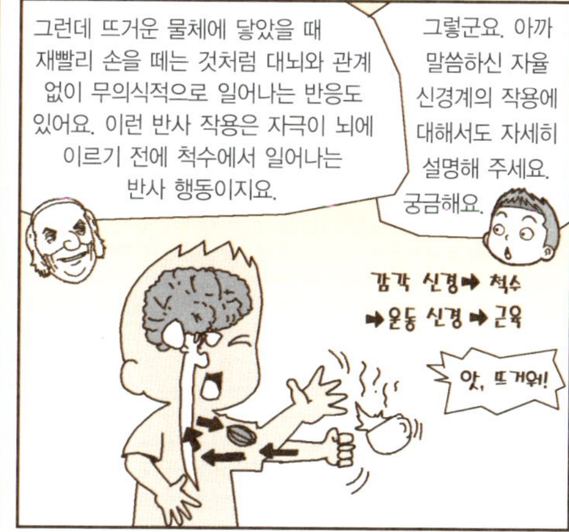

그런데 뜨거운 물체에 닿았을 때 재빨리 손을 떼는 것처럼 대뇌와 관계 없이 무의식적으로 일어나는 반응도 있어요. 이런 반사 작용은 자극이 뇌에 이르기 전에 척수에서 일어나는 반사 행동이지요.
그렇군요. 아까 말씀하신 자율 신경계의 작용에 대해서도 자세히 설명해 주세요. 궁금해요.
감각 신경 ➡ 척수 ➡ 운동 신경 ➡ 근육
앗, 뜨거워!

자율 신경계는 우리의 의지와는 상관없이 조절되는 소화, 심장 박동, 호흡 운동, 호르몬 분비 등 생명 유지에 필수적인 기능들을 담당해요. 자율 신경계는 서로 반대의 기능을 가지고 있는 교감 신경과 부교감 신경으로 이루어져 있어 상황에 맞춰 우리 몸을 알맞은 상태로 만들어 주거나 다시 원래의 안정된 상태로 만들어 주지요.
자율 신경계의 작용
동공 확대
침샘 분비, 억제
심박수 조절
방광 수축, 억제
기관지 확장, 수축
쓸개즙 분비 자극
소화기관 연동과 분비, 억제

그래서 아까 저의 교감 신경이 상황에 맞게 몸의 상태를 만들어 준 것이었군요.
그렇지요. 이젠 부교감 신경에 의해 다시 안정된 몸의 상태를 되찾게 될 거예요.
이제 나 안 무서워?

8

호르몬은 무엇이며
어떻게 발견되었을까요?

호르몬이 발견된 과정과 종류, 특징에 대해 알아봅시다.

호르몬은 무엇이며
어떻게 발견되었을까요?

베버가 동화책 한 권을 들고 와서
여덟 번째 수업을 시작했다.

《걸리버 여행기》 책을 보면 주인공 걸리버가 항해를 하다가 난파를 당해 소인국에 표류하기도 하고, 반대로 거인국에 가기도 합니다. 소인국 사람들은 키가 15cm 정도밖에 되지 않아 그곳에서 걸리버는 거인으로 생각됐지만, 반대로 거인국에서는 거인들의 키가 21m에 이르기 때문에 걸리버는 거인들의 걸음이나 한숨에도 날아갈 정도로 작은 애완동물 취급을 받지요. 현실에서는 이렇게 키가 극단적으로 크거나 작은 사람은 없지만, 2m가 넘는 키가 큰 사람이나 1m보다 작은 사람들은 있습니다. 이들은 왜 이렇게 되었을까요?

사람은 뼈와 근육이 발달하면서 키가 자랍니다. 그런데 키는 평생 자라는 것이 아니라 청소년기에 집중적으로 자라다가 어른이 되면 성장이 멈추게 되지요. 생장기에 뇌의 일부에서 분비된 생장 조절 물질이 뼈와 근육을 자라게 하는데 이 물질을 생장 호르몬이라고 합니다. 호르몬은 우리 몸의 각 기능을 정상적인 상태로 유지시키고, 키를 자라게 하거나 남성과 여성의 성적 특징을 드러나게 하는 등의 역할을 합니다.

이번 시간에는 호르몬에 대해 알아봅시다.

호르몬의 발견

호르몬은 누가, 어떻게 발견했을까요? 1902년 영국의 생리학자 베일리스(William Bayliss, 1860~1924)와 스탈링(Ernest Starling, 1866~1927)에 의해 호르몬의 존재가 알려졌답니다. 우리가 먹은 음식물은 위를 거쳐 십이지장으로 내려가는데, 이때 이자는 여러 가지 소화 효소가 들어 있는 이자액을 십이지장으로 분비합니다.

그렇다면 이자는 음식물이 십이지장으로 들어간다는 사실을 어떻게 아는 것일까요? 베일리스와 스탈링은 그 과정에 대해 궁금해했어요.

　20세기 초반까지 몸 안에서의 정보 전달은 신경계를 통해 일어난다고 알려져 있었어요. 신경계는 온몸에 퍼져 있고, 다양한 감각 기관에서 받아들인 자극을 전달하는 통로이므로 두 과학자는 이자액이 분비되는 과정도 신경에서 이자로 정보를 전달하기 때문이라고 생각했지요.

　베일리스와 스탈링은 자신들의 생각이 맞는지 확인하기 위해 실험용 개를 대상으로 개의 이자에 연결된 신경을 모두 잘랐어요. 이들의 생각이 맞는다면 신경이 절단된 개의 몸속에서는 음식물이 십이지장으로 들어올 때 이자액이 분비되지 않아야 했어요. 그런데 그들은 신경이 절단된 상태에서도 음식물이 위에서 십이지장으로 나가는 때를 맞추어 마치 기다리고 있었다는 듯이 이자액이 십이지장에 분비되는 것을 관찰했답니다. 이러한 실험 결과는 신경계 외에 다른 신호 전달 방법이 있다는 것을 의미하는 것이었어요.

　그래서 더욱더 자세히 개의 십이지장을 관찰한 결과, 음식물이 십이지장으로 들어오는 순간 십이지장 벽에서 어떤 액체 성분이 나오는 것을 발견했어요. 이 액체 성분만을 뽑아서 음식물을 먹지 않은 다른 개의 혈액에 주사해 보니, 얼마 지나지 않아 그 개의 이자에서 이자액이 분비되는 것을 관찰

할 수 있었어요. 이제껏 알려지지 않았던 새로운 물질의 발견이었던 셈이지요. 즉, 어떤 '화학 물질'이 혈액을 타고 이자에 도달해서 이자액을 분비하도록 자극한 거예요.

두 과학자는 이 물질에 '분비한다'는 뜻을 가진 '세크레틴'이라는 이름을 붙였고, 이와 같은 역할을 하는 물질을 통틀어서 '호르몬'이라고 불렀어요. 호르몬은 '활성을 일으킨다'라는 그리스 어에서 유래한 단어이지요. 이 두 사람은 호르몬을 발견한 공로로 노벨 생리 의학상을 받았어요. 이들의 연구 덕분에 호르몬의 존재가 알려지게 되었고, 곧이어 다른 과학자들이 새로운 호르몬을 많이 발견하게 되었지요. 지금

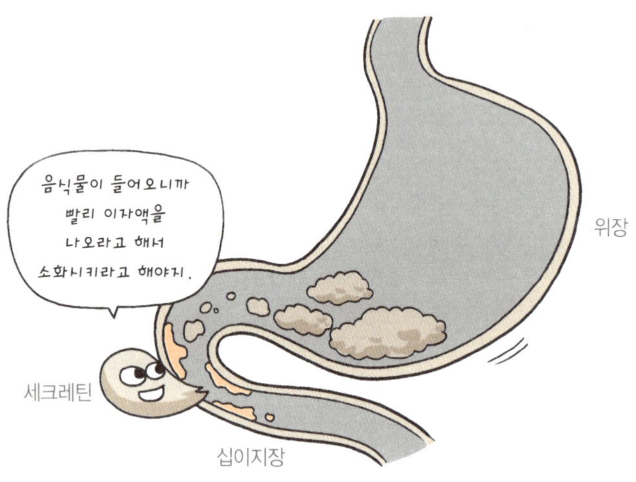

신경계와 호르몬의 공통점과 차이점

호르몬과 신경계는 외부의 자극에 대해 우리 몸이 반응하는 일을 담당한다는 점에서 비슷하다. 그러나 몇 가지 점에서 서로 다르다. 신경계는 반응이 매우 빠르게 나타나는 데 반해 호르몬은 대체로 반응이 늦게 나타난다. 또 신경계는 반응이 나타나는 범위가 좁고 지속 시간이 짧지만, 호르몬은 반응이 나타나는 범위가 넓고 지속 시간이 긴 편이다. 하지만 신경계와 호르몬은 서로 유기적으로 작용해 우리 몸의 신체 변화를 일으킨다. 신경 세포인 뉴런이 다음 뉴런에 자극을 전달하기 위한 물질이 호르몬인 것처럼, 호르몬과 신경계는 어느 하나가 없으면 제 기능을 할 수 없다.

까지 알려진 호르몬의 종류는 100여 가지나 되는데, 아직도 정체가 밝혀지지 않은 호르몬들이 많이 있답니다.

처음 호르몬의 존재가 알려졌을 때는 사람들이 자세히 알지 못했기 때문에 무조건 많으면 좋은 줄 알고 호르몬을 영양제처럼 많이 먹기도 했어요. 그런데 호르몬은 체내에 너무 많거나 적으면 문제를 일으키기 때문에 이렇게 많이 먹는 것은 아주 위험한 일이랍니다.

그렇다면 호르몬은 어디서 분비될까요? 우리 몸에서는 여러 가지 물질이 분비됩니다. 맛있는 음식을 보면 입 안에서 침이 나오고, 운동을 열심히 하면 피부에 땀방울이 송글송글

맺힙니다. 또 위나 장에서는 여러 가지 소화 효소가 분비되기도 하지요.

이와 같은 물질들이 분비되는 방식에 따라서 외분비와 내분비로 구분하지요. 외분비는 외분비샘에서 만들어진 물질이 관을 통해 몸 밖으로 나가는 것을 말합니다. 외분비샘에는 땀샘, 피지샘, 젖샘, 소화샘 등이 있어요. 땀샘에서는 땀이, 피지샘에서는 기름 성분이, 젖샘에서는 젖이, 소화샘에서는 여러 가지 소화 효소가 분비되지요. 외분비샘에서 분비된 다양한 물질은 그것이 필요한 장소로 바로 보내진답니다.

반대로 내분비는 특별한 통로가 없어서 내분비샘에서 분비된 물질이 혈액이나 림프액으로 분비되지요. 이것은 내분비샘에서 분비된 호르몬이 스스로 자신이 필요한 곳에 가서 작용해야 한다는 뜻입니다. 우리 몸의 내분비샘에는 뇌하수체, 갑상샘, 부갑상샘, 이자, 부신, 정소, 난소 등이 있어요. 이들 내분비샘에서 분비되는 물질을 호르몬이라고 합니다.

호르몬은 종류에 따라 작용하는 기관이 정해져 있어 특정 부위에만 작용합니다. 이때 그 효과가 나타나는 기관을 표적기관이라고 하지요. 앞에서 이야기한 생장 호르몬은 뼈와 근육에 작용해 우리 몸을 커지게 하고, 십이지장 벽에서 분비되는 세크레틴은 이자에 작용해 소화 효소를 분비하게 합니

다. 즉, 세크레틴이 키를 크게 해 준다든가, 생장 호르몬이
소화 효소를 분비하는 일은 하지 못한다는 것이지요.

그럼 우리 몸에서 만들어지는 여러 가지 호르몬의 종류에
대해 알아볼까요?

호르몬의 종류

우리 몸에서 호르몬이 분비되는 장소는 다음 그림과 같아
요. 아까 이러한 곳을 내분비샘이라고 했지요? 각각의 내분

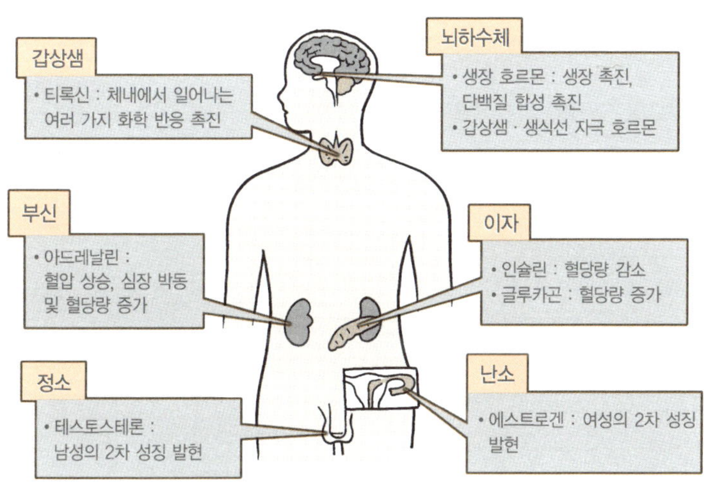

사람의 주요 호르몬과 분비 기관

비샘과 거기서 만들어 내는 호르몬에 어떤 종류가 있는지 살펴봅시다.

뇌하수체에서 분비되는 호르몬

뇌하수체는 여러 내분비샘 중에서도 대장 역할을 한답니다. 이곳에서 분비되는 호르몬 중에는 표적 기관에 직접 작용하는 것도 있지만, 주로 다른 내분비샘을 자극하여 그곳에서 내보내는 호르몬의 분비를 조절해 주지요. 갑상샘 자극 호르몬, 부신 겉질 자극 호르몬, 생식선 자극 호르몬, 생장 호르몬 등이 뇌하수체에서 분비됩니다. 자극 호르몬으로 불리는 것들은 다른 내분비샘을 자극하는 호르몬이지요. 예를 들어 뇌하수체에서 생식선 자극 호르몬이 분비되면 이 호르몬은 정소(혹은 난소)에 가서 '빨리 테스토스테론(혹은 에스트로겐)을 분비하라'는 명령을 내리는 것이지요.

한편 생장 호르몬은 직접 표적 기관에 작용하는 호르몬으로 몸의 근육과 뼈의 생장을 촉진하여 키를 자라게 해 줍니다. 한창 자라나는 시기에 생장 호르몬이 지나치게 많이 분비되면 거인증에 걸리고, 적게 분비되면 난쟁이증에 걸립니다. 또한 키의 성장이 멈춘 어른의 경우, 생장 호르몬이 많이 분비되면 키 대신 얼굴이나 손, 발 등 몸의 말단 부위가 커지

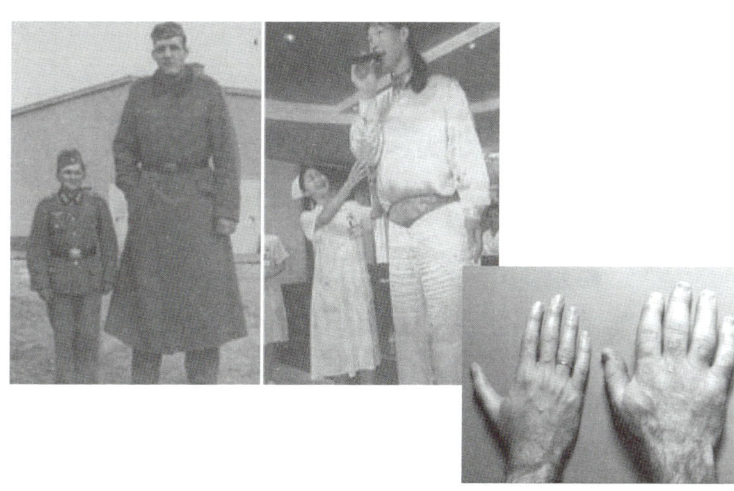

난쟁이증, 거인증, 말대 비대증 환자

는 말단 비대증에 걸리게 되지요.

갑상샘과 부갑상샘에서 분비되는 호르몬

목 부위의 기관지에 붙어 있는 갑상샘은 마치 나비넥타이처럼 생겼는데, 이곳에서는 티록신과 칼시토닌이 분비됩니다. 티록신은 우리 몸에 들어온 영양소를 분해해 에너지를 얻어 물질 대사가 활발하게 이루어지게 해 준답니다. 우리가 활동할 수 있는 에너지를 만들어 내는 역할을 하는 셈이지요.

그런데 만일 티록신이 너무 많이 분비되면 어떻게 될까요? 티록신이 많으면 영양소 분해가 지나치게 촉진되어 계속 먹

어도 항상 배가 고픕니다. 또 이렇게 많이 먹는데도 오히려 체중은 줄어들지요.

만일 너무 과하게 먹는데도 불구하고 살이 계속 빠진다면 티록신이 정상보다 많이 분비되지 않는지 의심해 봐야 합니다. 또 계속 티록신 분비가 늘어나면 눈이 붕어눈처럼 앞으로 튀어나오는 증상도 나타납니다.

이와 반대로 티록신이 부족하면 쉽게 피로해지고 체중이 증가하며, 의욕이 없어지면서 우울해지는 증상이 나타납니다. 또 부족한 티록신을 더 많이 만들어 내기 위해 뇌하수체에서 갑상샘 자극 호르몬을 분비해, 갑상샘에게 열심히 티록신을 만들어 내라고 명령을 해요. 하지만 갑상샘은 티록신을 만들어 내지 못하는데 자꾸 자극만 받으니까 점점 갑상샘이 커지기도 합니다.

이처럼 티록신과 관련된 질병들이 생기는 주요 원인은 티록신의 성분인 아이오딘을 균형 있게 섭취하지 못했기 때문이에요. 아이오딘을 섭취하지 못하면 티록신을 만들어 내지 못하니까요.

전래 동화에 나오는 혹부리 영감을 알고 있나요? 목에 커다란 혹이 난 할아버지인데, 이를 과학적으로 풀이하면 산골에 사는 할아버지가 아이오딘이 많이 들어 있는 미역이나 다

티록신이 정상보다 많이 분비될 때   티록신이 정상보다 적게 분비될 때

시마를 먹지 못해 갑상샘이 부어서 생긴 혹이라고 볼 수 있답니다. 옛날에는 교통이 발달하지 않아 산골에 사는 사람들은 생선이나 해조류를 먹기가 힘들었을 테니까요.

칼시토닌은 혈액 속의 칼슘 양을 조절하는 갑상샘 호르몬으로, 혈액 속의 칼슘 농도가 높을 때 칼슘을 뼈로 보내 그 양을 조절하지요. 부갑상샘은 갑상샘의 뒤쪽에 있는데, 갑상샘에 콩알 모양으로 4개가 박혀 있는 모습입니다. 이곳에서는 파라토르몬이라는 호르몬이 분비되는데, 파라토르몬은 혈액의 칼슘 농도가 낮아지면 뼈에서 칼슘을 내보내 혈액 속의 칼슘 농도를 증가시키는 역할을 합니다. 칼시토닌과 반대의 일을 하는 셈이지요.

부신에서 분비되는 호르몬

부신은 신장 바로 위에 있는 내분비샘이에요. 부신의 안쪽은 속질이라고 하고 바깥쪽은 겉질이라고 하는데, 두 기관은 완전히 다른 역할을 하는 조직이지요. 부신의 속질에서는 교감 신경의 자극을 받아 아드레날린이 분비됩니다. 아드레날린은 심장 박동을 증가시키고 혈압을 높이는 작용을 하지요. 또한 아드레날린은 탄수화물의 한 종류인 글리코젠을 분해하여 포도당으로 바꾸어, 혈액 속의 포도당 농도를 높임으로써 근육에 에너지를 쉽게 공급할 수 있도록 해 준답니다.

2007년에 개봉한 영화 〈아드레날린24〉를 보면 아드레날린이 하는 일을 잘 알 수 있답니다. 이 영화의 주인공은 자신을 노리는 적으로부터 아드레날린 생성이 억제되는 주사를 맞게 됩니다. 아드레날린 수치가 떨어지면 심장이 멈추어 죽게 되는데요. 생명도 유지하면서 적에게 복수도 하려는 주인공이 심장 박동을 증가시키기 위해 계속 위험한 행동을 합니다. 우리가 번지 점프를 하거나, 바이킹이나 롤러코스터 같은 놀이 기구를 타면 심장이 두근거리는 것이 바로 아드레날린이 분비되기 때문이지요.

한편 부신 겉질에서는 당질 코르티코이드와 무기질 코르티코이드라는 호르몬을 만듭니다. 당질 코르티코이드는 단백질과 지방을 주로 포도당으로 만들어 혈당량을 증가시키는 기능을 하지요. 당질 코르티코이드가 지나치게 많이 분비되면 많은 양의 단백질이 포도당으로 바뀌어 당뇨병과 비슷한 증상을 보이기도 합니다. 또 팔다리 근육의 단백질을 분해하기 때문에 근육이 약해지고 쉽게 피로해집니다. 무기질 코르티코이드는 콩팥에 작용해 몸의 수분을 일정하게 조절해 주는 역할을 합니다.

이자에서 분비되는 호르몬

이자는 혈당량을 조절하는 인슐린과 글루카곤이라는 호르몬을 분비합니다. 우리가 밥을 먹으면 소화 기관을 통해 포도당이 흡수되어 혈당량이 증가하지요. 혈당량이 증가하면 이자에서 인슐린을 분비해 포도당을 에너지로 바꿔 줍니다. 또한 포도당을 글리코젠이라는 물질로 합성하여 간이나 근육에 저장해 두기도 한답니다. 즉, 인슐린은 혈당량을 줄이는 역할을 하는 호르몬이지요. 반대로 운동 등을 통해 혈당량이 감소하면 이자에서 글루카곤을 분비해 간이나 근육에 저장되어 있던 글리코젠을 포도당으로 분해해 포도당을 공급해 줍니다. 만일 인슐린이 정상적으로 분비되지 않으면 혈당량이 많아져 당뇨병에 걸리는 것입니다.

정소와 난소에서 분비되는 호르몬

갓 태어난 아기는 겉으로 봐서는 남자인지 여자인지 성별을 구분하기 힘들지요. 남자와 여자로 확실히 구분되는 시기는 여러분의 나이인 청소년기입니다. 청소년기에 구별되는 남자와 여자의 특징에는 어떤 것이 있을까요?

＿ 남자는 수염이 나고 목소리가 굵어져요.

＿ 여자는 목소리가 높고 가늘어지고, 한 달에 한 번씩 생리를 시작해요.

＿ 남자는 근육이 발달해서 몸집이 커지고 몽정을 해요.

＿ 여자는 몸매가 예뻐지고, 가슴과 엉덩이가 커져요.

＿ 남자와 여자 모두 여드름이 많이 나요.

네, 모두들 잘 알고 있군요. 대체로 여학생이 남학생보다 이러한 몸의 변화가 빠른 편입니다. 빠른 학생은 초등학교 고학년일 때부터 변화가 생기기 시작하고 늦은 학생은 중학교 2, 3학년이 되어서야 변화가 생기기도 하지요. 이렇게 남자와 여자가 구별되는 청소년기의 성장 과정을 이차 성징이라고 해요.

우리 몸에는 남자와 여자의 성적 특성을 구분해 주는 호르몬이 있어요. 성 호르몬이라는 것인데, 남자는 정소, 여자는 난소라는 내분비샘이 있어 각각 남성 호르몬과 여성 호르몬

을 분비합니다. 유년기를 지나 청소년기에 접어들면 성 호르
몬이 이전보다 활발하게 분비되는데, 이때부터 남자와 여자
의 신체적 특징이 뚜렷하게 나타나게 됩니다. 바로 이차 성
징 시기지요.

남자의 정소에서는 테스토스테론이라는 남성 호르몬이 분
비되어 목젖이 나오면서 목소리가 굵어지고, 어깨가 벌어져
체격이 커집니다.

또한 수염이나 겨드랑이 털과 같은 체모가 나기 시작하고,
아이를 만들 수 있는 정자가 활발하게 만들어지는 등 생식 기
관도 발달합니다.

호르몬의 결핍과 과잉 증상

내분비샘	호르몬		과잉 또는 결핍 증상
뇌하수체	생장 호르몬	과잉	거인증 성장기 이후 : 말단 비대증
		결핍	난쟁이증
갑상샘	갑상샘 호르몬	과잉	바제도병 : 갑상샘이 정상인보다 많이 부풀고 눈이 튀어나오며 신경이 날카로워진다. 식욕은 왕성하지만 체중이 줄어듦
		결핍	크레틴병 : 성장기에 신체 발육이 저조해 몸이 왜소해지고, 심하면 지적 장애가 온다. 성인의 경우에는 매사에 의욕이 없고 식욕이 떨어짐
부갑상샘	부갑상샘 호르몬	과잉	골다공증
		결핍	근육 수축
이자	인슐린	과잉	당뇨병 : 소변에 포도당이 섞여 나오며 혈액이 산성화되어 신경이 마비되거나 면역 능력이 떨어져 작은 상처에도 쉽게 감염됨
부신	부신 겉질 호르몬	과잉	체내 단백질 결핍
		결핍	저혈압, 스트레스에 대한 저항력이 떨어짐

여자의 난소에서는 에스트로겐과 프로게스테론이라는 여성 호르몬이 분비됩니다. 이 호르몬들은 가슴을 커지게 하고 피부밑 지방을 늘려 어른 여성과 같은 곡선미를 만들어 냅니다. 또한 자궁과 난자가 성숙하면서 생리가 시작되고, 아이를 가질 수 있게 되지요.

자, 오늘 배운 내용을 정리해 볼까요?

- 호르몬은 내분비샘에서 만들어져 우리 몸에서 일어나는 다양한 생리 작용을 조절하는 물질이다.
- 호르몬은 미량으로도 효과를 나타내며 분비량이 적거나 많으면 결핍 증상이나 과잉 증상이 나타난다.
- 대부분의 호르몬은 분비되는 장소와 작용하는 장소가 다른데, 이를 표적 기관 또는 표적 세포라고 한다.

만화로 본문 읽기

박사님, 큰일 났어요. 제가 수염이 나기 시작했어요. 선생님께선 호르몬 때문이라고 하셨는데 그게 대체 뭐지요?
하하, 철이 군도 이제 진짜 남자가 되어 가는 거니 걱정 말아요.

호르몬은 영국의 생리학자인 베일리스와 스탈링에 의해 알려지게 되었는데, 내분비샘에서 만들어져 우리 몸에서 일어나는 다양한 생리 작용을 조절하는 물질이에요.
몸에서 일어나는 일을 조절한다고요?
십이지장에서 분비된 액체가 이자액 분비를 촉진시키는데?
그걸 세크레틴이라고 하고, 그런 역할을 하는 물질을 통틀어 호르몬이라고 하자.
베일리스
스탈링

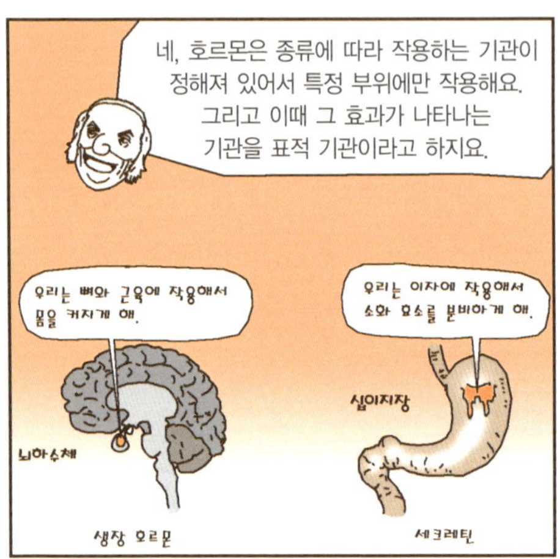
네, 호르몬은 종류에 따라 작용하는 기관이 정해져 있어서 특정 부위에만 작용해요. 그리고 이때 그 효과가 나타나는 기관을 표적 기관이라고 하지요.
우리는 뼈와 근육에 작용해서 몸을 커지게 해.
우리는 이자에 작용해서 소화 효소를 분비하게 해.
뇌하수체
생장 호르몬
십이지장
세크레틴

그럼 호르몬에는 어떤 것이 있나요?
호르몬은 분비되는 곳에 따라 나눌 수 있는데, 그중 뇌하수체에서 분비되는 호르몬들은 표적 기관에 직접 작용하는 것도 있지만 주로 다른 내분비샘을 자극하여 그곳에서 내보내는 호르몬의 분비를 조절해요.
<뇌하수체에서 분비되는 호르몬의 종류와 역할>
갑상샘 자극 호르몬 - 갑상샘 호르몬 분비 촉진
부신 겉질 자극 호르몬 - 부신 겉질 호르몬 분비 촉진
생식선 자극 호르몬 - 정소 및 난소의 발달과 정자 및 난자의 생성 촉진
생장 호르몬 - 근육과 뼈의 생장을 촉진

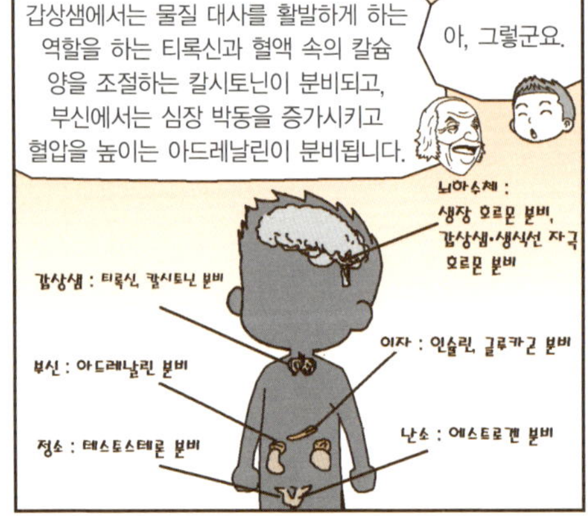
갑상샘에서는 물질 대사를 활발하게 하는 역할을 하는 티록신과 혈액 속의 칼슘 양을 조절하는 칼시토닌이 분비되고, 부신에서는 심장 박동을 증가시키고 혈압을 높이는 아드레날린이 분비됩니다.
아, 그렇군요.
뇌하수체 : 생장 호르몬 분비, 갑상샘·생식선 자극 호르몬 분비
갑상샘 : 티록신, 칼시토닌 분비
부신 : 아드레날린 분비
이자 : 인슐린, 글루카곤 분비
정소 : 테스토스테론 분비
난소 : 에스트로겐 분비

그리고 이자에서는 혈당량을 조절하는 인슐린과 글루카곤이라는 호르몬이 분비되고, 정소, 난소에서는 각각 몸의 성적 특성을 구분해 주는 성 호르몬이 분비되지요.
앗, 그럼 제 수염도 성 호르몬의 분비 때문이군요.

9

호르몬이 하는 일은 무엇일까요?

호르몬이 우리 몸의 항상성을 유지하는 데 어떻게 사용되는지 알아보고,
호르몬의 이상으로 생기는 문제점을 살펴봅시다.

마지막 수업

호르몬이 하는 일은 무엇일까요?

교.	초등 과학 5-2	1. 우리의 몸
과.	중등 과학 1	4. 생물의 구성과 다양성
연.	중등 과학 3	1. 자극과 반응
계.	고등 생명과학 Ⅰ	3. 항상성과 건강

베버가 헛기침을 하면서
마지막 수업을 시작했다.

으흠, 벌써 오늘이 마지막 수업이로군요. 여러분과 만난 지 엊그제 같은데 시간이 참 빨리 가네요.

__ 선생님, 무척 아쉬워요.

시작이 있으면 끝이 있고, 만남이 있으면 이별의 순간도 찾아오는 법이지요. 마지막까지 수업을 잘 들어서 유종의 미를 거둘 수 있도록 해요.

오늘은 호르몬이 우리 몸에서 어떻게 작용하는지, 또 앞에서 배운 감각 기관과 신경계가 어떤 관계가 있는지 알아보려고 해요. 또 호르몬 분비에 이상이 생기면 우리 몸에서 어떤

증상이 나타나는지도 공부해 봅시다.

우리 몸은 어떻게 항상성을 유지할까요?

점심을 먹고 나면 나른하고 졸립지요? 우리가 먹은 음식은 소화 기관에서 소화가 된 후 혈액 속에 포도당 상태로 돌아다니기도 하고, 여분의 포도당은 간에서 글리코젠 상태로 저장되기도 하지요. 혈액 속에 녹아 있는 포도당의 농도를 혈당량이라고 하는데, 혈당량 수치가 정상인 사람은 혈액 100mL당 100mg(0.1%) 정도로 유지됩니다. 만일 8시간 이상 밥을 굶고 혈당량을 쟀을 때 수치가 126mg/dL 이상이면 당뇨병에 걸렸다고 의심할 수 있어요. 하지만 정상인이라면 별 문제 없이 혈당이 알아서 조절될 것입니다.

우리 주위에 혈당량을 변화시키는 요인들은 무수히 많습니다. 예를 들면 식사를 하고 나면 혈당량이 높아지고, 운동을 하고 나면 혈당량이 떨어집니다. 그럼에도 혈당량을 일정하게 유지할 수 있는 것은 생물에게는 외부 환경이 바뀌어도 혈당량, 체온, 체액의 농도 등을 일정한 상태로 유지하는 능력이 있기 때문이지요. 이러한 성질을 항상성이라고 해요.

항상성을 유지하기 위해서는 신경계와 호르몬이 손발을 맞춰 일해야 합니다. 예를 들어 식사 후 혈당량이 갑자기 높아졌을 경우를 생각해 봅시다. 이때 간뇌의 시상 하부는 혈당량이 높아진 것을 감지하고 부교감 신경을 통해 이자에게 인슐린을 분비하라는 명령을 내리게 됩니다. 이자에서 분비된 인슐린은 혈관을 따라 간으로 이동하여 혈액 속의 포도당을 글리코젠으로 바꾸거나, 각 세포로 이동하여 포도당을 세포 안으로 흡수하는 과정을 촉진함으로써 혈당량을 낮추게 되지요.

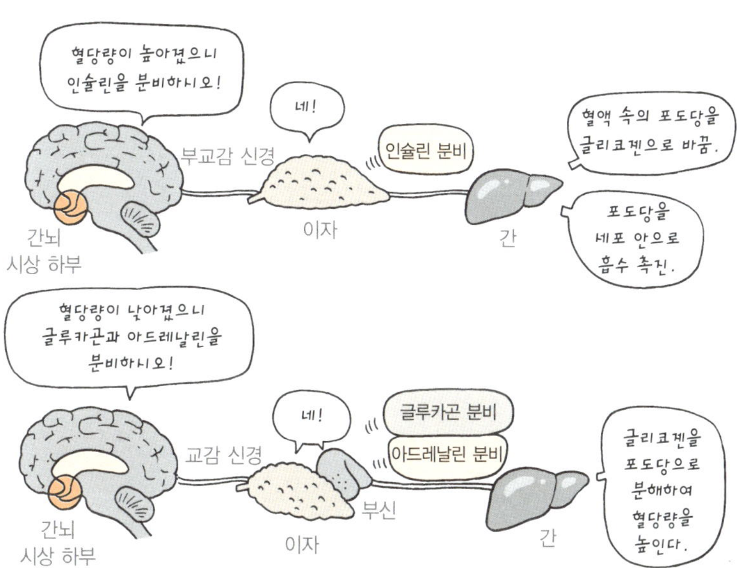

반대로 오랜 시간 동안 식사를 하지 못해 혈당량이 낮아졌다면 시상 하부가 교감 신경을 통해 이자와 부신에게 명령을 내려 글루카곤과 아드레날린을 분비하게 합니다. 이들 호르몬은 간에 저장된 글리코젠을 포도당으로 분해하여 혈당량을 높입니다. 즉, 시상 하부는 적정 혈당량을 감지해서 혈당량을 높일 것인지, 낮출 것인지를 결정하는 대장의 역할을, 교감 신경과 부교감 신경은 대장의 명령을 전하는 연락병의 역할을, 이자와 부신은 혈당량을 높이거나 낮출 수 있는 호르몬(군인)을 분비하는 군대의 역할을 하는 셈이지요.

항상성 조절의 또 다른 예를 살펴볼까요? 사람에게 있어 체온 유지는 매우 중요합니다. 사람의 체온은 대개 36.5℃로 일정하게 유지되지만, 체온이 더 높아지거나 낮아지면 생명이 위험해진답니다. 만일 체온이 32℃까지 떨어지면 심장 박동이 불규칙해지고, 30℃ 이하가 되면 의식을 잃고 그대로 죽게 됩니다.

실제로 제2차 세계 대전 당시 바다에서 전사한 영국 해군의 3분의 2가 저체온증으로 사망했다는 기록이 있어요. 또 독일의 나치들이 유대인 포로들을 대상으로 사람이 물속에서 얼마 동안 살 수 있는지 알아보는 생체 실험을 했는데 0℃의 물에 빠진 사람 모두가 1시간 반 이내에 죽었다고 해요.

체온이 정상 이상으로 올라가도 심각한 문제가 생긴답니다. 무더위가 기승을 부리는 한여름에 열사병으로 죽은 사람들 이야기가 종종 나오는데, 더운 곳에서 심한 운동을 한다거나 일을 하면 고체온증이 나타납니다. 고체온증이 생기면 신경과 근육 기능이 떨어지고 피로, 무기력, 의욕 상실 등의 상태에 빠지고 심하면 환각이 보이기도 합니다. 그러다가 체온이 43℃ 이상이 되면 신경과 심장에 문제가 생겨 결국 죽음에 이르게 되지요.

그렇지만 걱정하지 말아요. 극단적인 상황이 아니라면 평소에는 우리 몸의 체온이 잘 조절될 테니까요. 날씨가 추울 때는 체온 조절을 담당하는 기관인 간뇌의 시상 하부가 추위를 감지하고 교감 신경에 체온을 올리도록 명령을 내립니다.

교감 신경은 근육을 떨리게 하여 열을 내게 하고, 몸 표면에 있는 모세 혈관을 수축시키고 몸의 털을 바짝 세워 몸의 열을 밖으로 내보내지 못하도록 해 체온을 높이지요. 또 땀의 분비는 감소시키고요.

한편 티록신은 갑상샘에서 분비되는 호르몬으로 물질 대사를 촉진하여 체온을 올리는 기능을 합니다. 날씨가 추워지면 간뇌의 시상 하부가 뇌하수체에 명령을 내려 갑상샘을 자극하는 호르몬을 분비하게 하고, 이 호르몬의 자극을 받은

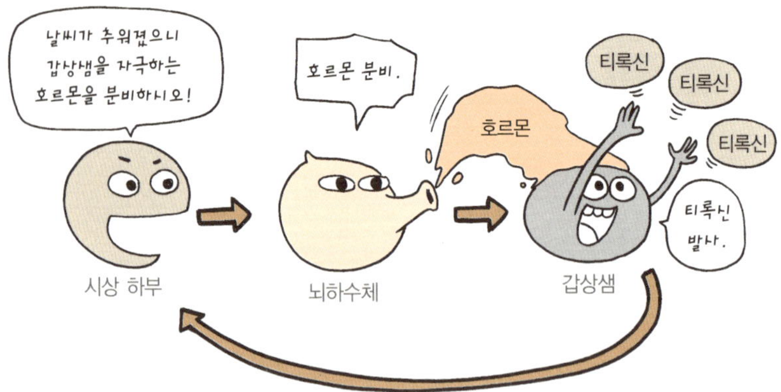

갑상샘은 티록신을 분비하여 체온을 높여 주는 것이지요.

그런데 티록신이 계속 만들어진다면 체온이 지나치게 높아질 위험이 있겠지요. 우리 몸은 어떻게 티록신의 양을 적절하게 조절하는 걸까요?

티록신은 자신을 만들게 명령을 내리는 시상 하부를 역으로 억제하는 성질이 있답니다. 티록신의 농도가 지나치게 높아지면 시상 하부에 가서 시상 하부의 활동을 하지 못하게 막습니다. 시상 하부가 억제되면 뇌하수체와 갑상샘이 차례대로 억제되어 티록신의 양은 원래대로 줄어들게 되는 것입니다.

이와 반대로 티록신이 지나치게 낮아진다면 시상 하부를 억제하던 힘이 약해지면서 뇌하수체, 갑상샘이 차례대로 활성화되어 티록신의 양이 다시 늘어나게 된답니다. 결과적으

로 티록신의 양은 일정한 범위를 오르락내리락하면서 적정
수준을 유지하게 되는 것입니다.

갑상샘이 티록신을 일정한 농도로 분비할 수 있는 것은 갑
상샘이 만든 티록신이 갑상샘을 자극하는 명령자인 시상 하
부를 억제하는 방식으로 연결되어 있기 때문이랍니다. 이처
럼 어떤 원인에 의해 결과가 나타나고 그 결과가 원인을 억제
함으로써 일정한 상태를 유지하는 조절 방식을 음성 피드백
이라고 합니다. 티록신 외에도 혈당량, 수분, 체온 조절 등
우리 몸에서 일어나는 수많은 생리 작용이 이 음성 피드백에
의해 균형을 유지하고 있답니다.

일상생활에서도 일정한 상태를 유지해야 할 필요가 있을
경우에는 음성 피드백이 유용하게 활용되는데 그 대표적인
것으로 냉난방기의 온도 조절 장치입니다. 에어컨의 온도를
24℃로 맞춰 놓으면 더운 방 안의 온도가 24℃가 될 때까지
계속 찬바람이 나옵니다. 시간이 지나 방 안의 온도가 24℃
이하가 되면 에어컨은 꺼지고, 다시 온도가 올라갈 때까지
바람이 나오지 않습니다.

냉난방기의 온도 조절 장치 말고도 전기다리미, 밥솥, 가전
기구, 자동차, 비행기 등 다양한 분야에서 음성 피드백의 원
리가 이용되고 있답니다.

호르몬 이상과 호르몬 치료

호르몬은 몸속의 여러 가지 조절 작용을 담당합니다. 따라서 호르몬이 비정상적으로 분비되면 우리 몸의 조절 체계가 무너져 여러 가지 이상이 나타나게 됩니다. 인슐린의 분비 이상으로 당뇨병에 걸리는 것이 대표적인 예이지요. 이 밖에도 호르몬 이상으로 인한 질병은 매우 다양하답니다.

예를 들어 성호르몬 분비에 이상이 생기면 남자와 여자의 이차 성징에 혼란이 오기도 하지요. 남자에게 여성 호르몬이 지나치게 많이 분비되면 남자가 여자처럼 큰 가슴을 가지게 된다든지, 남성 호르몬의 분비가 많아졌을 때 여자의 코 밑에 수염이 거뭇거뭇 나기도 한답니다.

하지만 호르몬 이상으로 여러 가지 문제가 생긴다면 호르몬을 적절히 사용하여 호르몬의 균형을 회복시키는 치료법도 가능하지 않을까요? 이런 아이디어를 현실화시킨 것이 호르몬 치료법입니다.

1970년대 인슐린을 대량 생산하게 된 이후 당뇨병 환자에게 인슐린을 주사하는 것이 대표적인 예이지요. 요즘에는 생장 호르몬 주사도 널리 사용되고 있답니다. 생장 호르몬은 어린이의 성장을 촉진하는 호르몬으로, 왜소증 어린이에게 생장 호르몬을 처방하면 성장 촉진에 효과를 볼 수 있지요. 예전에는 생장 호르몬을 구하기가 힘이 들어 매우 적은 양도 굉장히 비쌌기 때문에 일반인은 생장 호르몬 주사를 맞을 엄두를 못 냈지만 지금은 많이 대중화되었답니다.

더군다나 생장 호르몬은 어린이의 성장뿐만 아니라 어른에게도 효과가 있습니다. 복부 비만, 골다공증, 피부 노화, 근육량이 줄어드는 문제를 해결하는 데 효과가 있답니다. 과학자들은 나이에 따른 생장 호르몬의 분비량을 조사 연구한 결과 생장 호르몬의 분비량이 나이를 먹어 감에 따라 감소한다는 사실을 알아냈지요. 실제로 20대부터 10년마다 14%씩 생장 호르몬이 감소하여 65세 이상 노인의 생장 호르몬 수치는

정상인의 3분의 1 수준에 불과하다고 해요. 따라서 노인에게 생장 호르몬을 보충하면 노화를 늦출 수 있으리란 추측이 가능하답니다. 실제로 생장 호르몬을 처방 받은 노인들은 복부 비만이 눈에 띄게 줄어들고, 피부의 탄력이 되살아나고, 골다공증과 관절염 증상이 호전되었으며, 근육형의 젊은 몸매를 되찾기 시작했다고 해요.

그렇다면 과연 이러한 호르몬 치료가 사람에게 유익하기만 한 것일까요? 호르몬은 아주 적은 양으로 우리 몸의 항상성을 조절하는 중요한 물질이지요. 그 작동 원리를 완벽하게 알지 못하는 상황에서 임의로 조절하여 몸속에 형성된 미세한 균형을 깨뜨린다면 어떤 문제를 일으킬지 누구도 장담할 수 없답니다.

또 경우에 따라서는 호르몬 주사를 맞는 것이 불법이기도 합니다. 월드컵이나 올림픽 같은 세계 대회에서 선수들에게 도핑 검사를 실시한다는 이야기를 들어 본 적이 있을 거예요. 도핑 검사는 선수들이 금지된 약물을 복용했는지 소변 검사를 통해 알아보는 것인데, 실제로 경기에 우승하거나 메달을 땄어도 도핑 검사에서 걸리면 메달도 잃고 선수 생활도 하지 못하게 되지요. 왜 그럴까요? 대부분의 금지 약물이 남성 호르몬의 일종인 테스토스테론 같은 성분들로 되어 있는

데 이는 근육을 강하게 해 준다네요. 운동 선수들이 이러한 약물을 먹고 근육을 강화해 좋은 기록을 낸다면 그 기록은 인정할 수 없겠지요.

　오늘 배운 내용을 정리하면서 이것으로 모든 수업을 마치겠습니다.

• 체내의 조건을 일정하게 유지하려고 하는 생물의 성질을 항상성

이라고 한다.

- 항상성의 유지는 피드백에 의해 이루어진다.

- 의사의 처방 없이 호르몬 주사를 맞으면 여러 가지 위험한 일이
생길 수 있다.

박사님, 그러고 보니 참 신기하네요. 몸은 어떻게 겨울이든 여름이든 항상 비슷한 온도를 유지하는 것이지요?
그건 생물에게 혈당량, 체온, 체액의 농도 등을 항상 일정한 상태로 유지하는 능력이 있기 때문에 그래요.
36.5℃

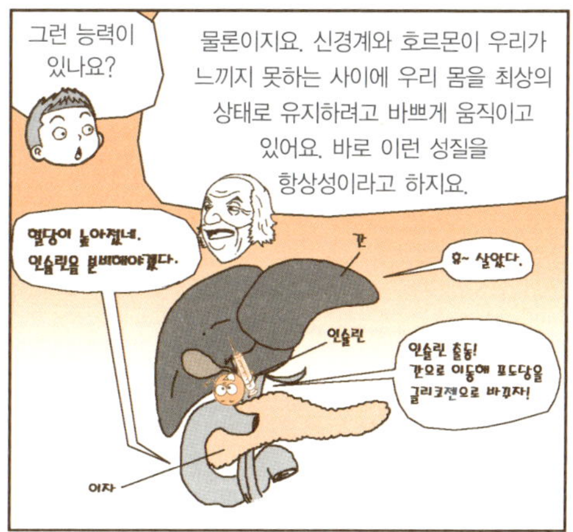

그런 능력이 있나요?
물론이지요. 신경계와 호르몬이 우리가 느끼지 못하는 사이에 우리 몸을 최상의 상태로 유지하려고 바쁘게 움직이고 있어요. 바로 이런 성질을 항상성이라고 하지요.
혈당이 높아졌네. 인슐린을 분비해야겠다.
휴~ 살았다.
인슐린 출동! 간으로 이동해 포도당을 글리코젠으로 바꾸자!
간
인슐린
이자

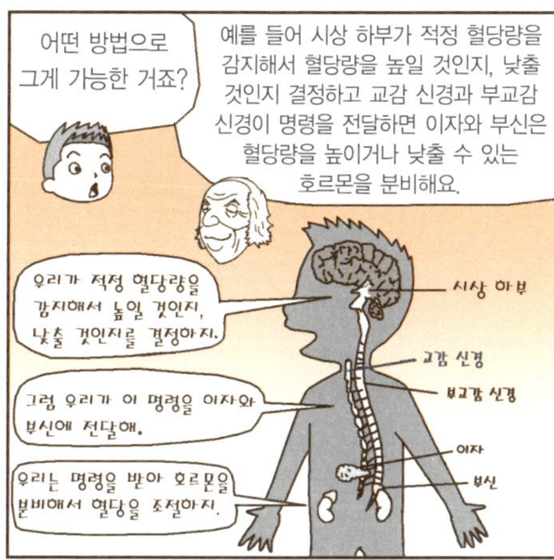

어떤 방법으로 그게 가능한 거죠?
예를 들어 시상 하부가 적정 혈당량을 감지해서 혈당량을 높일 것인지, 낮출 것인지 결정하고 교감 신경과 부교감 신경이 명령을 전달하면 이자와 부신은 혈당량을 높이거나 낮출 수 있는 호르몬을 분비해요.
우리가 적정 혈당량을 감지해서 높일 것인지, 낮출 것인지를 결정하지.
그럼 우리가 이 명령을 이자와 부신에 전달해.
우리는 명령을 받아 호르몬을 분비해서 혈당을 조절하지.
시상 하부
교감 신경
부교감 신경
이자
부신

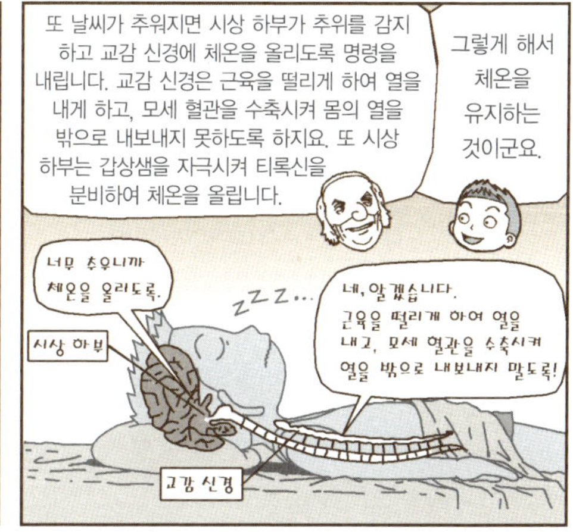

또 날씨가 추워지면 시상 하부가 추위를 감지하고 교감 신경에 체온을 올리도록 명령을 내립니다. 교감 신경은 근육을 떨리게 하여 열을 내게 하고, 모세 혈관을 수축시켜 몸의 열을 밖으로 내보내지 못하도록 하지요. 또 시상 하부는 갑상샘을 자극시켜 티록신을 분비하여 체온을 올립니다.
그렇게 해서 체온을 유지하는 것이군요.
너무 추우니까 체온을 올리도록.
네, 알겠습니다. 근육을 떨리게 하여 열을 내고, 모세 혈관을 수축시켜 열을 밖으로 내보내지 말도록!
ZZZ...
시상 하부
교감 신경

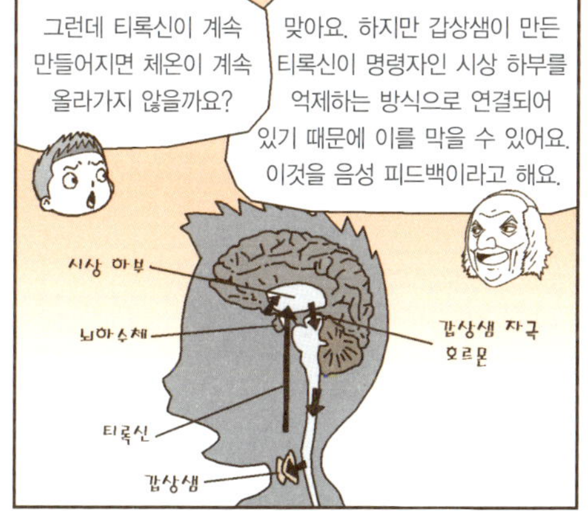

그런데 티록신이 계속 만들어지면 체온이 계속 올라가지 않을까요?
맞아요. 하지만 갑상샘이 만든 티록신이 명령자인 시상 하부를 억제하는 방식으로 연결되어 있기 때문에 이를 막을 수 있어요. 이것을 음성 피드백이라고 해요.
시상 하부
뇌하수체
티록신
갑상샘
갑상샘 자극 호르몬

그래서 호르몬이 비정상적으로 분비되면 몸의 조절 체계가 무너져 여러 가지 이상이 나타나게 되지요. 인슐린의 분비 이상 때문에 당뇨병 등의 질환이 생길 수 있어요.
신경계와 호르몬이 정말 중요하군요.
에효, 당뇨병 때문에....

실험 심리학의 창시자 베버

Ernst Heinrich Weber: 1795~1878

베버는 1795년 6월 24일 독일의 비텐베르크에서 신학 교수인 마이클 베버의 셋째 아들로 태어났습니다. 그는 1811년 위텐버그 대학에서 의학 공부를 시작해 1815년경 의사가 된 후, 1818년 라이프치히  대학의 비교 해부학 교수가 되어 정년 퇴임을 할 때까지 해부학과 생리학을 강의했습니다. 그는 신경 자극과 피부 감각에 대해 관심이 많아서 여러 실험을 통해 새로운 사실들을 알아냈습니다. 특히 막냇동생인 프리드리히와 함께 이룩한 물리학적 방법에 근거를 둔 공동 연구가 유명합니다. 기존의 생물 연구에서 사용되지 않았던 수학과 물리학적 방법을 사용하여 좀 더 체계적인 생리학 이론들을 만들어 냈습니다.

특히 1846년 발표한 《피부 감각과 일반 감각》은 실험 심리학과 생리학 분야의 기초가 되었습니다. 베버는 손에 직접 작은 물체들을 올려서 어느 정도의 무게일 때 느낄 수 있는지 실험했고, 이 책에서 자극의 세기에 따른 감각 능력을 알 수 있는 '베버의 법칙'을 설명해 유명해졌습니다. 베버의 법칙이란 빛이나 소리 같은 자극을 받아들이는 감각 기관에서 자극의 크기가 변화된 것을 느끼려면 다음과 같은 조건이 필요하다는 것입니다. 처음에 약한 자극을 주면 자극의 변화가 적어도 그 변화를 쉽게 감지할 수 있으나, 처음에 강한 자극을 주면 자극의 변화를 감지하는 능력이 약해져서 작은 자극에는 느낄 수 없고 더 큰 자극에서만 변화를 느낄 수 있다는 이론입니다. 예를 들어 깜깜한 곳에서 촛불을 켜면 밝아진 것을 느낄 수 있지만, 밝은 곳에서 촛불을 켜면 더 밝다고 느껴지지 않는 것이 베버의 법칙이 적용된 예입니다.

그 밖에도 포유류의 수컷에서 자궁의 존재를 밝혀냈고, 감각 기관 연구를 통해 공간 감각의 존재를 알아내는 등 생리학 분야에서 많은 새로운 사실을 알아내어 실험 심리학의 창시자로 인정받았습니다. 베버는 1871년에 대학 교수직을 은퇴하고, 1878년 1월 26일에 라이프치히에서 사망했습니다.

과 학 연 대 표
언제, 무슨 일이?

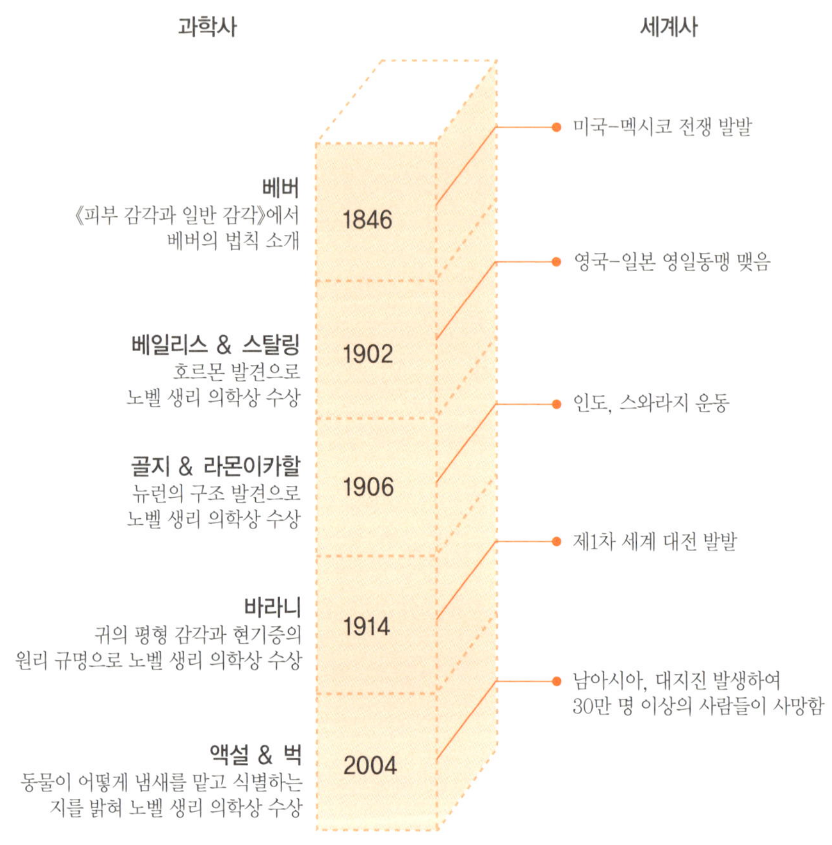
과학사
세계사

미국-멕시코 전쟁 발발

베버
《피부 감각과 일반 감각》에서
베버의 법칙 소개
1846

영국-일본 영일동맹 맺음

베일리스 & 스탈링
호르몬 발견으로
노벨 생리 의학상 수상
1902

인도, 스와라지 운동

골지 & 라몬이카할
뉴런의 구조 발견으로
노벨 생리 의학상 수상
1906

제1차 세계 대전 발발

바라니
귀의 평형 감각과 현기증의
원리 규명으로 노벨 생리 의학상 수상
1914

남아시아, 대지진 발생하여
30만 명 이상의 사람들이 사망함

액설 & 벅
동물이 어떻게 냄새를 맡고 식별하는
지를 밝혀 노벨 생리 의학상 수상
2004

1. 처음 자극의 세기와 나중 자극의 세기의 차이가 일정 비율 이상이 되어야만 차이를 느낄 수 있다는 것을 ☐☐의 법칙이라고 합니다.

2. 시각의 전달 경로는 빛 → 각막 → ☐☐☐ → 유리체 → ☐☐ ☐☐ → 시각 신경 → 대뇌입니다.

3. 우리 몸에서 회전 감각을 느끼는 기관은 ☐☐☐☐, 중력 자극을 느끼는 기관은 ☐☐ ☐☐입니다.

4. 코는 ☐☐ 상태의 화학 물질을, 혀는 ☐☐ 상태의 화학 물질을 감지합니다.

5. 피부 감각을 느끼는 부분은 ☐☐☐입니다.

6. 신경계를 이루는 기본 단위는 ☐☐입니다.

7. 우리 몸의 중추 기관으로 판단, 기억, 명령 등을 담당하는 곳은 ☐☐입니다.

8. 아주 적은 양으로도 우리 몸의 여러 기능을 조절하는 물질은 ☐☐☐입니다.

9. 생물은 자기 체내의 환경을 항상 일정하게 유지하려는 성질이 있는데 이러한 성질을 ☐☐☐이라고 합니다.

1. 베버 2. 수정체, 시각 세포 3. 반고리관, 전정 기관 4. 기체, 액체 5. 감각점 6. 뉴런
7. 대뇌 8. 호르몬 9. 항상성

인공 감각 기관 개발 :
인공 잠자리 눈과 전자 코

최근 들어 생물의 감각 기관을 인공적으로 만들려는 연구가 한창 진행 중입니다. 인공 감각 기관을 왜 만들려고 하는 것일까요? 대표적인 인공 감각 기관으로 인공 잠자리 눈과 전자 코가 있습니다. 인공 잠자리 눈은 2005년에 미국 캘리포니아 주립 대학교의 이평세 교수 팀이 개발하였답니다.

어렸을 적에 잠자리를 잡으려고 살금살금 다가가도 훌쩍 날아가 잡지 못했던 경험이 있을 겁니다. 축구공을 반으로 잘라 양쪽에 붙여 놓은 듯한 잠자리의 눈은 시야가 거의 360°까지 펼쳐지고, 특히 빠르게 움직이는 대상을 감지하는 데 탁월한 능력이 있습니다. 잠자리 눈 하나 속에는 10,000개 정도의 초소형 낱개 눈이 있습니다. 인간의 눈보다 해상도는 떨어지지만, 빠르게 움직이는 물체를 더 잘 감지할 수 있답니다. 인공 잠자리 눈은 빛을 받아들이는 렌즈, 빛이 지나가는 길, 영상이 맺히는 필름 부분으로 구성된 홑눈 수천 개를 잠자리의 눈 모양과 비슷하게 반구형으로 만든 것입니다.

　인공 잠자리 눈은 군사용, 의학용, 경비용 등으로 사용된답니다. 인공 잠자리 눈을 가진 군사용 로봇은 짧은 시간에 넓은 지역을 정찰할 수 있고, 의학용 내시경으로는 한꺼번에 넓은 몸속 부위를 관찰해 몸의 이상 부위를 쉽게 찾아낼 수 있어요. 또 CCTV로 사용되면 360° 넓은 지역을 관찰할 수 있어 범죄 예방이나 수사에 효과적이랍니다.

　많은 분야에서 실용화되고 있는 전자 코는 전류가 흐르는 센서에 공기 중에 떠다니는 냄새 분자가 닿을 때 전기 저항이 변하는 성질을 이용하거나, 냄새 분자와 결합하면 색이 변하는 물질을 이용하는 방식으로 만들어집니다. 한국에서는 전자 코를 이용해 햅쌀과 묵은쌀을 구별하고, 중국산 인삼과 한국산 인삼을 구별하며, 또 유통 기한이 지난 식품을 골라내기도 합니다. 최근에는 단백질 수준의 고분자 물질의 복합적인 냄새를 구별할 수 있는 전자 코가 개발되어 냄새만으로 환자의 암세포를 구별해 낼 수 있게 되었답니다.

　물론 전자 코가 인간의 코보다 기능이 뛰어난 것은 아닙니다. 하지만 인간이 하기 힘든 일, 예를 들어 인체에 해로운 냄새를 구별한다거나, 수많은 냄새를 연속적으로 맡아도 정확히 구별할 수 있는 능력 때문에 유용하답니다.

수학자가 들려주는 수학 이야기 (전 88권)

차용욱 외 지음 | (주)자음과모음

국내 최초 아이들 눈높이에 맞춘 88권짜리 이야기 수학 시리즈! 수학자라는 거인의 어깨 위에서 보다 멀리, 보다 넓게 바라보는 수학의 세계!

수학은 모든 과학의 기본 언어이면서도 수학을 마주하면 어렵다는 생각이 들고 복잡한 공식을 보면 머리까지 지끈지끈 아파온다. 사회적으로 수학의 중요성이 점점 강조되고 있는 시점이지만 수학만을 단독으로, 세부적으로 다룬 시리즈는 그동안 없었다. 그러나 사회에 적응하려면 반드시 깨우쳐야만 하는 수학을 좀 더 재미있고 부담 없이 배울 수 있도록 기획된 도서가 바로 〈수학자가 들려주는 수학 이야기〉 시리즈이다.

★ 무조건적인 공식 암기, 단순한 계산은 이제 가라! ★

- 〈수학자가 들려주는 수학이야기〉는 수학자들이 자신들의 수학 이론과, 그에 대한 역사적인 배경, 재미있는 에피소드 등을 전해 준다.
- 교실 안에서뿐만 아니라 교실 밖에서도, 배우고 체험할 수 있는 생활 속 수학을 발견할 수 있다.
- 책 속에서 위대한 수학자들을 직접 만나면서, 수학자와 수학 이론을 좀 더 가깝고 친근하게 느낄 수 있다.